仔猪无抗饲料与饲养新策略

张乃锋　任晓明　薛振华　等　著

U0349188

中国农业科学技术出版社

图书在版编目（CIP）数据

仔猪无抗饲料与饲养新策略／张乃锋等著．—北京：中国农业科学技术出版社，2020.11

ISBN 978-7-5116-4661-3

Ⅰ.①仔… Ⅱ.①张… Ⅲ.①仔猪-饲养管理 Ⅳ.①S828

中国版本图书馆 CIP 数据核字（2020）第 227570 号

责任编辑	张国锋
责任校对	贾海霞

出 版 者	中国农业科学技术出版社
	北京市中关村南大街 12 号　邮编：100081
电　　话	（010）82106636（编辑室）　（010）82109702（发行部）
	（010）82109709（读者服务部）
传　　真	（010）82106631
网　　址	http://www.castp.cn
经 销 者	各地新华书店
印 刷 者	北京建宏印刷有限公司
开　　本	880 mm×1 230 mm　1/32
印　　张	6.5
字　　数	194 千字
版　　次	2020 年 11 月第 1 版　2020 年 11 月第 1 次印刷
定　　价	35.00 元

前　言

食品安全是焦点，畜产品安全是重点，饲料安全是源头。抗生素耐药性正在不断蔓延，抗生素耐药危机就如气候危机一样需要全球共同努力来应对。目前，全世界都在为此付出行动，减少人畜共用抗生素的使用。

"无抗养殖"指的是抗生素（尤其对人类健康有危害的抗生素）没有添加到动物日粮中，也没有广泛地应用到动物种群来预防某些疾病。"无抗养殖"是世界性难题，目前欧美发达国家都无法达到真正的"无抗养殖"。无抗不是目的，健康才是永恒。抗生素在养殖过程中禁用和限用是大势所趋，我们需要考虑的是如何在这种"新常态"下寻求未来的解决方案，顺势而为，翻开畜牧业发展的新篇章。

简单地将抗生素从动物生产中移除是无法解决抗生素耐药性问题的，我们需要有前瞻性想法，开发并执行可保持动物健康的生产措施，减少抗生素的需求，包括提高农场卫生、畜舍生物安全，加强营养、管理等。终极目标就是形成完整的无抗方案来促进动物健康。

为了加快普及"无抗饲料与饲养"的新理念及养殖策略，根据当前全国仔猪生产特点及养殖企业需求，我们编写了此书。编写过程中，力求科学性、综合性、适用性。本书围绕国际禁抗历程与经验、国内现状与趋势，仔猪"无抗养殖"的营养策略、饲养策略、环境控制、健康管理方面进行了详细阐述，力求对我国仔猪"无抗养殖"有一定指导作用。

由于时间紧、编者水平有限，尽管我们做了很大努力，但书中不当和疏漏之处仍在所难免，欢迎广大读者不吝批评指正。

著者
2020 年 7 月

目　　录

第一章 概 述

关于食品安全的一个共识是：食品安全是焦点，畜产品安全是重点，饲料安全是源头。随着公众对食品安全的关注，全世界都在为此付出行动，减少人畜共用抗生素成为行动的第一步。美国关于禁用抗生素的新法规在 2017 年 1 月 1 日开始生效。我国农业农村部第 194 号公告发布：2020 年 7 月 1 日起，饲料生产企业停止生产含有促生长类药物饲料添加剂（中药类除外）的商品饲料。对患病动物进行抗生素治疗需要得到持证兽医的处方指示，另外重要的人用抗生素禁止作为动物生长促进剂和普遍流行疾病的预防用药。无抗饲料及无抗养殖的发展正在翻开畜牧业发展的新篇章。

在过去的 80 年里，人类自己造成了抗生素滥用问题，虽然短时间内难以彻底解决，但我们必须扭转局势，减轻抗生素耐药性风险的影响。过去一直以为在动物日粮中添加低水平抗生素是预防、治疗疾病，提高胃肠道健康的常规措施，进而也可以改善饲料转化效率、促进生长。然而，抗生素常规性地杀死较弱的细菌，也导致较强的细菌存活下来并大肆增殖，产生人类无法控制的"超级细菌"。当然，人类抗生素耐药性的产生有多重因素。

"无抗养殖"是世界性难题，目前欧美发达国家都无法达到真正的"无抗养殖"。但抗生素在养殖过程中禁用和限用是大势所趋，饲用抗生素停用已成为世界畜牧业发展的趋势与潮流，我国饲料乃至畜牧业的无抗化也成为行业及公众关心的重要课题。在这种"新常态"下，养殖、饲料、兽药及相关行业必须直面变化，顺势而为。

第一节　了解抗生素

禁用饲用抗生素源自 1986 年欧洲瑞典，到 2020 年已经 34 年的时间，全球禁用饲用抗生素的脚步逐渐加快。近些年市场出现了许多产品都宣称能替代抗生素，但是有多少真正能替代抗生素？或者在多大程度上能替代抗生素？这都是值得探讨和研究的问题。然而，在此之前，我们必须先了解抗生素。

抗生素是由微生物（包括细菌、真菌、放线菌属）产生的具有抗病原体或其他活性的一类次级代谢产物，能干扰其他生活细胞发育功能的化学物质。抗生素作为促生长剂使用始于 19 世纪 40 年代。Moore 等（1946 年）首次报道了在饲料中添加抗生素可明显提高肉鸡的日增重，1950 年，美国 FDA 正式批准在饲料中可以使用，此后抗生素在世界各国的使用日益广泛。抗生素促生长剂主要是与治疗剂量相比，以低剂量、保健作用形式来控制或者减少肠道菌群。一方面减少有害菌，另一方面减少让动物生长缓慢的细菌代谢物，减少宿主本身进行营养拮抗的营养素，另外还减少因细菌本身代谢刺激机体免疫所需的营养需要。这一系列作用的最终结果是使肠壁变薄，肠壁变薄则内源氮的损失会减少，从而间接地提高了动物的生产性能。合理地使用抗生素能使动物较快地生长和发育，产肉更多，并降低发病率和死亡率。不可否认，抗生素的广泛使用在动物疾病防治、促进生长、提高饲料利用率，以及对饲料工业及养殖业的发展和满足人们日益增长的需求等方面发挥了重要作用。

一、抗生素的作用途径

我们必须了解抗生素的作用。

（1）抗生素是用于控制细菌性疾病的药物，对于病毒没有杀灭或抑制作用，只在动物感染病毒病期间具有控制继发感染、减轻后遗症的作用。

（2）不同抗生素能杀灭和抑制的细菌种类是不一样的，比如硫酸黏杆菌素主要作用于革兰氏阴性菌（G^-），对革兰氏阳性菌（G^+）没有作用；恩拉霉素的主要作用是杀灭革兰氏阳性菌；一些药物是广谱抗菌药，对革兰氏阳性菌和革兰氏阴性菌都有效，比如土霉素。

（3）抗生素作用的部位是不一样的，使用目的对抗生素选择非常重要。不吸收的硫酸黏杆菌素口服对呼吸道疾病是没有效果的，但是可以吸收的吉他霉素对呼吸道疾病和肠道疾病都会有帮助。

（4）在动物养殖业中应用的抗生素通常可以分为两大类：一类是可以在饲料中长期添加的促生长素，兼具疾病预防及促生长两重作用；另一类是在动物发生疾病的情况下用于治疗的抗生素。

（5）药物代谢途径、在机体组织中的残留规律研究透彻。抗生素研发和生产的历史非常久远，对人类和动物养殖的贡献都非常大，其负面作用也一致为人类所关注。

（6）抗生素生产研发科技含量高，具有明确的作用机理，抗菌谱明确，最小抑菌浓度非常清楚，应用方案非常成熟，能根据不同的情况进行选择使用。

抗生素耐药性简单来说就是抗生素用在治疗、预防方面的效果越来越低。氟喹诺酮是目前耐药性最高的一种抗生素。《经济学家》杂志一篇文章中预测，到 2050 年，由于耐药性，很多人生病不能治，每三秒就会有一个人死亡。也有人预计，到 2050 年，与癌症和艾滋病相比，耐药性导致的死亡率可能会更高。也许会有很多人说，抗生素已经有很长的使用历史了，实际上正是因为有了抗生素，才有了全球 70 亿左右的人口。抗生素能让我们用很低的成本来生产动物蛋白。但是，从 20 世纪 60 年代以来，抗生素的研发已经开始停滞，抗生素耐药性的问题开始变得严峻。甚至有人预计，从现在开始到 2050 年，抗生素耐药性将会带来 100 万亿美元的损失。抗生素的耐药性来自不同的途径，例如，在动物上不当使用，可能会通过动物间传播，再传播给人。而且，我们在讨论动物传播给人类耐药性时，不只讨论肉蛋奶，而且包括动物养殖对水的污染以及尘灰的影响。此外，耐药性可以在细菌之间传播使问题变得更加复杂。

二、饲用抗生素的促生长效果

抗生素对畜禽的促生长作用发现于 20 世纪 40 年代末与 50 年代初。从此，亚治疗剂量的抗生素对动物具有促生长、提高饲料效率和预防疾病的效果被全世界广泛证实，饲料中添加抗生素成为畜牧生产提高效率、降低成本的手段，试验表明，抗生素对断奶仔猪的促生长效应可达到 14%~18%。从经济效益来估计，抗生素因提高增重可使效益提高 3.3%~8.8%，因改进饲料效率可使效益提高 2.5%~7.0%。因此，饲用抗生素带来的畜牧生产总体直接效益估计在 5%~16%。可见饲用抗生素在过去 70 多年中对提高畜牧业生产效率及降低畜产品成本有较大贡献。

目前，抗生素仍是最有效、最稳定的促生长添加剂，其促生长的作用原理主要如下。

（1）抑制或杀灭病原微生物，减少发病率。

（2）增长幼畜肠道内有益微生物区系，维持肠道微生物的平衡状态。在饲养场地卫生条件不佳、管理不良的情况下，这一效果更加突出。

（3）幼畜采食抗生素后可使小肠质量变轻，肠壁变薄，提高了养分的吸收率。

（4）饲喂抗生素后可减少幼畜的腹泻，尤其可降低未吮初乳幼畜的腹泻发生率，促进动物生长。客观地说，在特定的时期，饲用抗生素对我国乃至全世界现代畜禽业的飞速发展有着不可磨灭的贡献。

第二节　抗生素滥用的危害

一、引起人体病原菌产生耐药性

抗生素的作用机理是通过抑制细菌遗传物质的复制来阻碍细菌大规模繁殖。但是，遗传物质的一个特性就是变异，当外界环境不利于某种遗传物质的复制时，遗传物质变异的概率就会加大，从而导致耐药菌的产生。耐药菌产生后也在不断进化，抗生素的发展更加剧这一进化过程。截至目前，即使是第五代抗生素已经出现，疾病治疗依然存在很多问题。耐药菌的进化总是跑在新一代抗生素前面，再加上耐药菌、抗生素从畜禽转移到人类身上，对人类的安全也是很大的威胁。人经常食用含抗生素的动物性食品，会慢性中毒，容易患各种疾病，如皮肤瘙痒、荨麻疹等，近年此类病患率的显著上升也许与此相关。研究发现，具有耐药性的微生物或超级细菌在全球范围内每年导致数十万人丧生，其中美国和英国的死亡人数至少 5 万人。而一些抗生素通过食品和环境进入人体后，可引起基因突变、染色体变异和其他病变，产生致畸、致突变和致癌作用，如氯霉素会导致再生障碍性贫血和血小板减少、粒状白细胞减少症、肝损伤；链霉素有潜在的致畸作用等。所以，抗生素会对畜禽产生耐药性，通过畜禽转移到人类产生耐药性，并威胁人类的安全，这是在养殖过程中禁止使用抗生素的主要原因之一。

细菌耐药性是动物与人类长期使用抗生素导致细菌适应性的自然反应，已经成为全球公共卫生安全问题，而畜禽饲用抗生素的"低剂量"与"长期性"使用是细菌耐药性产生与加重的重要原因之一，饲用抗生素导致细菌产生耐药性在 20 世纪 50 年代就已发现。后来证实细菌的耐药基因能从动物向人类的微生物区系转移。20 世纪 80 年代发现，病原菌对系列抗菌药产生耐药性的现象存在于世界范围内。动物使用的抗生素有 25%~75% 以原来的结构从粪便中排出，耐药性微生物通过系列途径，包括天然水、灌溉水、饮水、蔬菜与食物，从动物及人类废弃物重新进入人和动物群体。在美国每年有 1.8 亿 t 干的畜禽废物产生，地下水、地表水、食用作物均发现受到来自动物的耐药微生物污染。研究人员从加拿大亚伯达省抽取了 90 个猪场的 1 322 份猪粪样品进行了大肠杆菌的耐药性检测，发现样品中有 87.4% 的大肠杆菌对一种或某几种抗生素产生了耐药性。对 2 种、3 种、4 种和 5 种抗生素都产生耐药性的比例分别为 20.8%、20.6%、18.2% 和 7%。对四环素、新诺明和链霉素产生耐药性的比例分别为 78.9%、49.9% 和 49.6%。在南非，研究人员从 76 份猪、牛和人粪便中分离出大肠杆菌 0157 菌株，发现有 93.4% 的 0157 菌株对 3 种或超过 3 种的抗生素产生了耐药性。大部分（52.6%~92.1%）0157 菌株对四环素、新诺明和红霉素具有耐药性。此外，聚类分析表明，猪和人粪便的抗菌谱有紧密联系。为此，世界卫生组织（WHO）多次呼吁世界各国取消饲用抗生素的使用，并把"停止动物抗生素使用"作为 WHO 发布的"遏制抗菌药耐药性全球战略"的最主要措施之一。

二、不同抗生素残留条件下的细菌耐药性影响

不同抗生素类型在剂量与浓度上对生物耐药性的潜在影响上呈现出不同的特点。

1. 金霉素残留的潜在影响

当结肠内容物中金霉素的残留量为 3% 时，可能会对极少数的细菌分离株产生影响，但小肠内容物浓度对细菌应该无影响。正如在结肠中的发现一样，金霉素能在厌氧环境中发挥作用。当按 400mg/kg 使用金霉素时，大肠埃希氏杆菌与结肠弯曲杆菌（E. coli 和 C. coli）会对金霉素产生很强的耐药性（成活率>70%），高于这两种细菌的临床分界点 56μg/g。我们从中可以发现，治疗用抗生素所诱导的耐药性远远高于饲料残留所诱发的。

2. β-内酯胺类（氨苄青霉素、羟氨苄青霉素）残留的潜在影响

羟氨苄青霉素通常按 400mg/kg 的浓度加入饲料中，用于治疗猪链球菌引起的猪脑膜炎和关节炎。它在肠道被吸收（接近 30%），而大部分进入结肠内容物。关于肠道中的浓度还没有公开发表的数据，因此最坏的情况是以 70% 浓度来估算。羟氨苄青霉素也可能会集中在结肠中，并可能在此厌氧环境中发挥作用。研究发现，如果药物（如普通的青霉素）在经过肠道的过程中没有被大量结合或降解，结肠中羟氨苄青霉素浓度可能会对一些敏感菌株产生影响。小肠中浓度在 3% 残留水平时也会有较小的影响。

3. 氨基糖苷类残留的潜在影响

新霉素通常以 220g/kg 的浓度用于控制断奶仔猪腹泻。其对细菌

的作用模式和细菌耐药性的形成方式与卡那霉素非常相似。它不易被肠道吸收（<10%），因此在此模型中便用了90%。在此模型中未考虑其在肠道中的任何降解或与其他物质的结合。新霉素在厌氧环境中无活性，因此小肠内容物的浓度可能更有代表性。按3%残留量计算，小肠内容物的浓度对大肠杆菌（E. coli）的效果并不理想，但对结肠弯曲杆菌（C. coli）可能有相当明显的作用。

4. 磺胺类（磺胺甲噁唑）残留的潜在影响

磺胺类很少单独用于猪上，但通常与甲氧苄啶联合使用。通常来说，磺胺甲恶唑以250mg/kg的浓度使用，并且易被机体吸收，通常吸收率达90%，因此仅有大约10%会通过小肠进入结肠。结肠内容物和小肠内容物的浓度远低于E. coli和C. coli，因此，我们在这种情况下认为，在3%残留量时对磺胺甲噁唑与甲氧苄啶的耐药性选择无影响。

5. 大环内醋类（红霉素、泰乐菌素）残留的潜在影响

在3%残留量时回肠内容物浓度低于记录中的最低抑菌浓度（MIC值）。因为泰乐菌素在厌氧环境中起作用，其结肠内容物的浓度可能最具代表性，但这似乎仅对E. coli和C. coli等少数菌株有轻微的作用。这也可以推测所有的药物浓度都有生物活率，且完全不会与内容物结合。

三、畜产品药物残留引发食品安全问题

绝大多数饲用抗生素会在畜禽体内蓄积残留，动物在上市前必须要有足够停药期（一般为3~7d，最长可达35d，如喹乙醇）。欧美国家严格遵守抗生素停药期，药残不易超标。丹麦从1987—2001年近15年的监测表明，大约20万头屠宰猪药残超标率0.02%，2002—2005年在抽样检测11 693头肥猪中无一例超标。而我国食品动物即使合法使用抗生素，其停药期都难以保证，多数养殖场动物上市前未使用停药期饲料，加上违法添加药物、超量使用，甚至多种药物混用，致使畜产品药残超标，食品安全得不到保障。而这种"有抗食品"又通过食物链成为国民长期服用抗生素的载体，进一步加剧了

人体病菌耐药程度。动物饲料用抗生素对食品安全的影响并不亚于"瘦肉精"，可能更为甚之。

四、抗生素滥用对环境的危害

随着畜牧业生产向现代化、集约化和规模化方向的发展，兽药和饲料添加剂在降低动物发病率与死亡率、提高饲料利用率、促进动物生长和改善畜产品品质等方面起着显著的作用，已成为现代畜牧业发展不可或缺的因素。然而随着集约化畜牧业的发展，兽药和饲料添加剂的种类及用量与日俱增，由此引发的生态环境风险及其对人类健康的潜在危害也日益受到关注。各类大型养殖场的动物在使用兽药和添加剂后，大部分以原药和代谢产物的形式经动物的粪便和尿液进入生态环境中。含有大量兽药和未利用添加剂的养殖场粪尿进入土壤后，对土壤环境、水体等带来不良影响，并可能通过食物链对生态环境产生毒害作用，影响其中的植物、动物和微生物的正常生命活动，其在土壤中的累积也将导致农业土壤的污染，最终将对人类健康造成危害。

据估计，全球每年抗生素产量的 50% 用于农场动物，在美国，每年生产抗生素总量的 70% 用于鸡、猪、牛的促生长（非治疗目的），这种用于动物非治疗目的抗生素用量估计每年约 1.12 万 t，而用于动物治疗目的只有约 900t。然而，30% ~ 90% 的抗生素不能在动物体内代谢，往往以原药的形式随粪尿排出体外，进入农田土壤、地表水、地下水等生态环境中，不仅造成了生态环境的污染，还可能诱发各类抗生素耐药细菌的产生。抗生素抗性基因是细菌耐药性产生的根源，抗性基因可以通过质粒、整合子等基因元件在环境细菌中进行水平转移传播，一旦转移到人类致病菌中，将会对人类健康造成巨大的危害。因此，可以认为环境中抗生素抗性基因的持久性残留和传播比抗生素本身的危害还要大。

综上可见，加快无抗饲料及养殖技术研发，停用饲用抗生素是解决畜产品安全、降低细菌耐药性问题的战略性根本举措。

第三节 无抗畜牧业的概念

无抗畜牧业（无抗饲料、无抗养殖及无抗畜产品）的提法起源于欧洲饲用抗生素停用的实践，距今已有 30 多年历史。根据欧盟 2005 年 12 月 31 日发布的欧洲标准猪肉饲养方式，"无抗猪肉"有 3 个级别：第一级别是指生猪屠宰时检测不出抗生素；第二级别是指饲养过程中，饲料中保证不含抗生素、激素、精神类药物、防腐剂、色素、瘦肉精等药物和添加剂，治疗中允许使用，但要保证足够的休药期；第三级别是指饲养过程中饲料中不添加抗生素、激素、精神类等药物，治疗也不允许使用。无抗畜牧业在中国也有十年多历程，但是国内外至今对无抗饲料、无抗养殖及无抗畜产品没有明确定义。

一、无抗饲料

无抗饲料是指不含任何抗生素、符合国家法律法规，具有安全、优质、环保特征，经国家或国际标准规定的方法检测的无抗生素药物的饲料。要做到饲料无抗，应主要从两方面保证，一是饲料中不添加抗生素，二是所有饲料组分不受抗生素污染，包括植物性饲料原料、动物性饲料原料，以及饲料中各种添加物。

二、无抗养殖

无抗养殖是指食品动物养殖过程中不使用任何抗生素药物，养殖环境与饮水不受抗生素污染，符合现代畜牧业安全、优质、环保的特征。因此，这种方式的养殖必须用无抗饲料饲养，也不能使用任何处方用药。但实际上在现代集约化畜牧业生产中很难做到，只有在极少数生产有机食品的农场及自给自足的小农户或小规模订单养殖中可能实现。欧盟 2006 年虽然禁止在饲料中添加抗生素，但处方用药仍然使用，而且用量有增加趋势。因此，欧盟畜牧业的主流也不是无抗养殖。国内目前涉及的无抗养殖主要是指用无抗饲料养殖，而不是真正意义的无抗养殖。

三、无抗畜产品

无抗畜产品是指"畜产品完全不含抗生素"，这要求食品动物在整个生命周期完全不接触（或不使用）抗生素，确保饲养过程绝对无抗养殖；动物饲养环境与饮水中无抗生素污染，畜产品转运、生产、加工、销售过程无抗生素污染，从而绝对保证畜产品无任何抗生素残留。这种绝对意义的无抗畜产品在现代集约化畜牧生产中几乎不存在，只有极少数有机农场及农户自产原料的小规模养殖与少量订单农业生产可能实现。药残不超标而高于检测限的畜产品仅可作为常规合格产品，而不能称为无抗畜产品。

第四节　未来的发展趋势

2016 年 8 月 5 日，国家卫生计生委等 14 部门联合制定了《遏制细菌耐药国家行动计划（2016—2020）》；2017 年 4 月 30 日之后禁止硫酸黏杆菌素在饲料中作为生长促进剂；2017 年 6 月 22 日，农业部制定了《全国遏制动物源细菌耐药行动计划（2017—2020 年）》。2019 年 7 月 9 日，农业农村部公告第 194 号发布：2020 年 7 月 1 日起，饲料生产企业停止生产含有促生长类药物饲料添加剂（中药类除外）的商品饲料，将禁抗行动推向高潮。

一、无抗养殖——仔猪是关键

目前我国规模猪饲料企业和规模养猪场，已经可以实现在母猪料和中大猪料中不添加抗生素，通过使用绿色安全的添加剂（如微生态制剂、益生元、酸化剂、酶制剂、植物提取物等）调节猪只肠道健康、提高机体免疫力来替代饲料中的抗生素。另外，通过饲料营养的精准配制、改善加工工艺等提高饲料品质，也可提高猪群的健康程度，进而可停止在饲料中添加抗生素。而仔猪生长发育快、对疾病的易感性高。此阶段猪只处于断奶应激、肠道发育未完全、自身抵抗力与免疫力差，而且没有了母源抗体的保护，对猪只是最大的应激，易发生腹泻，死亡率极高。所以，开食料和保育料被赋予了诸多功能，除了给猪只提供所需营养，还将断奶猪不腹泻等作为评价标准，这就是为何教保料中添加大量抗生素的原因。长期大量添加抗生素作为促生长剂，当时成本低、效果好，但是副作用大，破坏猪肠道菌群，影响优势菌群建立，后期生长慢。

二、如何让仔猪渡过无抗养殖关？

只是简单地将抗生素从动物生产中移除是无法解决抗生素耐药性这一问题的。我们需要有前瞻性想法，并发并执行可以保持动物健康的生产措施，从而减少抗生素的需求。可以从提高最基础的农场卫生、畜舍生物安全开始，但是即使最洁净的操作仍然可能暴发疾病。终极目标就是形成完整的无抗方案来促进动物健康，包括管理、营养和技术支持。

1. 饲料和饲养

首先是原料选择，应为清洁日粮，保证新鲜度，不含霉菌毒素；关注饲料中的抗原物质对肠道黏膜的损伤，一般高蛋白饲料易引起腹泻，除适当降低日粮蛋白浓度外，还要控制粗类等抗原蛋白含量高的原料用量，采用特殊原料取代；饲料配方要符合仔猪的营养需求，提高饲料消化率；在饲料加工工艺方面，现有的加工过程中交叉污染概率大、制粒硬度过大，应注重原料清理工艺，根据需要确定粉碎粒度，关注二次调质加工、颗粒硬度工艺，未来饲料加工可借鉴宠物料设备工艺，推广膨胀低温制粒。其次，在抗生素替代品选择上，选择酵母类蛋白源饲料替代昂贵的鱼粉或抗原高的豆类；利用酶制剂补充断奶仔猪内源酶的不足；利用酸化剂的强力抗菌功效；利用微生态制剂帮助肠道建立优势菌群；应用中草药、植物提取物、植物精油类产品作为免疫增强剂，提高猪只机体自身免疫力。有行业专家提议，应将微生态制剂、生物饲料等作为饲料原料应用常规添加，而不是作为添加剂。尤其是抗感染类微生态，具有抗生素无法比拟的优势，被誉为"未来的疫苗"。

2. 管理

管理方面也不容忽视。仔猪断奶阶段仍处于强烈的应激中，日常管理应注重保温、通风和饮水。母猪是养殖场的关键，在母猪各阶段给予精准营养。只有母猪健康，仔猪才能获得最大的母源抗体保护，顺利渡过断奶应激。研究表明，仔猪喜食粥状料，因此可将粉料改成发酵液态饲料，更亲和乳猪生理特点，易于消化吸收。另外，养殖场要了解当地的病原情况，合理保健，避免发病；对猪场的生物安全进行评估，建立有效的疫苗接种计划。

第二章　国际抗生素禁用概况

随着人们生活水平的提高，人们不仅对畜禽产品的需求量迅速上升，对其质量和安全性的要求也越来越高，加上 2015 年新《环保法》和《食品安全法》以及《饲料质量安全管理规范》的相继出台，这些都标志着我国对食品安全问题的重视程度已经到了一个新的高度，未来的畜牧业必将踏上可持续发展之路。在这样的大环境下，饲料、养殖行业全面禁抗是大势所趋。

第一节　国际禁抗历程

20 世纪 40 年代，抗生素被首次应用到畜牧养殖业，取得了成效，并迅速推广到全世界。随之，抗生素使用的负面作用和不良反应也逐渐被世人认识。总体上，禁抗是不同国家分阶段、分品种进行的。瑞典 1986 年禁抗，是起步最早的国家，随后挪威 1992 年禁抗，芬兰 1996 年禁抗（生长育肥猪），荷兰 1998 年禁抗，丹麦 1998 年禁抗，波兰和瑞士 1999 年禁抗，2006 年欧盟全面禁止使用促生长抗生素；2008 年起日本禁止在饲料中使用抗生素；美国公布指导性文件计划从 2014 年到 2017 年禁止在动物饲料中使用预防性抗生素，要求 2017 年起在现场处方用药中停用人用抗生素药品；2011 年 7 月，韩国宣布了饲料抗生素禁用通知，从 2018 年 7 月起全面禁止使用抗生素。图 2-1 显示了几个主要国家关于抗生素限制使用的时间表。

2015 年，我国打响了"饲料禁抗"第一枪，洛美沙星、培氟沙星、氧氟沙星、诺氟沙星 4 种兽药开始全面禁止在食品动物中使用。我国农业农村部第 194 号公告发布：2020 年 7 月 1 日起，饲料生产企业停止生产含有促生长类药物饲料添加剂（中药类除外）的商品饲料。饲料禁抗已成为我国畜牧养殖业从业者无法回避的问题。

图 2-1　几个主要国家禁抗历程

第二节　禁抗对生产和抗生素用量的影响

"饲料禁抗"原则上不是难事，但落实到现场养殖中则并不容易。最大的风险会落在管理不良和生物安全防护差的养殖场，最大的压力是在仔猪断奶阶段。饲料中使用抗生素或抗菌药物（以下统称抗生素）的历史已有近 60 年。总的来看，饲料中使用抗生素的有效性、效果的稳定性以及成本的低廉，是目前其他单一新型饲料添加剂产品所不能比拟的。但多年来饲料中长期、多品种复合添加抗生素产品也引起了极大的隐患，如：动物耐药性的产生导致使用效果的下降、畜产品中可能的抗生素残留引起的食品安全风险、对动物本身免疫力的抑制造成的二重感染等。

一、欧盟

禁抗初期，治疗用抗生素量上升很快，死亡率上升。随后调整措施，死亡率、促生长用抗生素使用得到很好控制。瑞典的禁抗模式是欧盟禁抗模式的基础。瑞典禁用抗生素作为促生长剂以后也出现了一些问题。在 1986 年禁抗后的前几年，猪平均体增重下降，料肉比提升，死亡率增加，断奶日龄不得不延迟 1 周。2000 年丹麦就开始在动物饲料中禁用抗生素作为促生长剂，只允许基于兽医处方治疗的应用。丹麦实施饲料禁抗后，猪场在生长育肥阶段的成绩影响不大。据统计，62% 的猪场这个阶段的日增重和死亡率无明显变化；只有 12%

的环境条件差的猪场出现了问题久久不能解决；另外 26% 的猪场经过几个月的调整，生产成绩也逐步提高。仔猪阶段产生的问题和困难很大，表现为死亡率的提高和日增重的降低。母猪年提供断奶仔猪数（PSY）下降等（表 2-1）。除了猪场生产性能的下降，现场抗生素的用量也略有增加。

表 2-1　瑞典和丹麦禁用抗生素后的前几年猪的生产性能下降情况

指标	瑞典	丹麦
断奶日龄延迟	>1 周	—
断奶到 25kg 体重延迟	>5d	—
体重 25~120kg 饲料转化率	-1.5%	-1.5%
仔猪死亡率	>1.5%	—
育成—育肥期死亡率	>0.04%	0.04%
母猪产仔数	-4.8%	-4.8%
兽医治疗用抗生素成本	—	+0.25 美元
疫苗成本	—	+0.25 美元

数据来源：HAYES，2013。

由图 2-2 可以看出，1996—2009 年，丹麦现场处方用药的年用量不断增加，2013 年以后，丹麦兽用处方抗生素的用量开始逐步降低，到 2018 年降低了 14%，约 17t。2018 年总的抗生素消耗量约 100t，其中约 75% 用于生猪产业。另外，随着"黄卡"制度的实施，抗生素的类型也发生了明显的转变。四环素类和抗敌素类抗生素的使用量大幅度减少，但大环内酯类和氨基糖苷类抗生素的使用量却有所升高。

从荷兰的情况来看，1999—2006 年，在禁抗之前这段时间，已经开始着手准备禁抗，养殖场问题出现增加现象，因此处方用抗生素用量逐渐升高。到 2007 年处方抗生素用量达到最高峰，处方用药量提升了约 40%；2007 年以后，养殖场用药量开始逐年小幅度下降。2011 年荷兰又进一步禁止饲料厂为养殖企业生产加药饲料，对注册兽医师的年用药量进行记录、统计和评分，强行降低处方药的使用

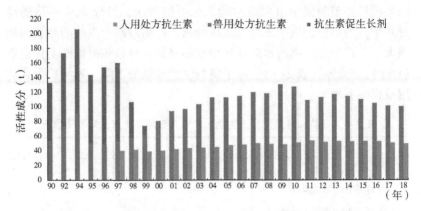

图2-2　丹麦抗生素使用情况变化趋势（1990—2018，DANMAP，2018）

量；到2014年底用药量明显降低，与2009年相比，降低了58%。可以看出，通过立法等强制手段。逐步减少抗生素总体用量是欧盟畜牧发达国家的共识。

当然，欧盟各国养殖环节禁抗的节奏并非步调一致。以上介绍的荷兰严格降低抗生素的措施是荷兰行业协会的自我规定和约束，不是欧盟的法规。欧洲畜牧业发达国家和不发达国家，东欧和西欧国家，禁抗法规执行情况有所不同。那些养殖分散、设备设施落后的国家，在仔猪断奶阶段仍会在饲料中使用抗生素和使用高锌日粮来解决现场的问题。而丹麦、荷兰等国家则自行规定了更严格的现场降低抗生素的各项措施，制定了养殖场的用药量全国排名制度；对每年每头猪用药量多的养殖企业给予红黄牌管理制度；对注册兽医师也进行严格的用药量监管。如果开出的处方药太多，兽医师需要重新参加培训、重新审查资质。一旦养殖场发生问题，兽医必须到现场诊断检查动物后才能开具针对性的药物处方。严禁处方药中使用对人类健康有风险的抗生素，要求各农场严格制定和执行健康计划，不断提升生物安全防护级别，以减少抗生素的使用总量。应该说，完善的兽医师队伍和兽医师资质管理支持了欧洲的禁抗行动。同时，欧洲发达国家在养殖现场采取的各项措施和养殖模式的不断升级是禁抗的根基，对我国的抗生素管理和各层级企业做好禁抗准备工作具有借鉴意义。

二、美国

美国养猪业的发展就是一个不断规模化、大型化的发展过程，现如今美国猪场总数 7.1 万家，其中 5 000 头以上的猪场占 60%。美国联邦政府 2012 年的统计数据显示，美国高达 80% 的抗生素被使用在畜牧业养殖上，在 2012 年，美国共有 1.46 万 t 的抗生素用于动物养殖中，在 2009 年和 2014 年间被批准用于牲畜使用的抗生素在美国的销售额增长了 23%。

早在 1977 年，美国 FDA 决定限制青霉素、金霉素和土环素作为饲料添加剂。并于 1996 年成立了国家抗生素耐药性检控体系，提出一旦发现饲养动物耐药性产生，就启动相应法律，包括收回某种抗生素药物使用许可证。美国联邦食品和药品局（FDA）决定从 2014 年开始，用 3 年时间，到 2017 年 1 月 1 日开始全面禁止在牲畜饲料中使用预防性抗生素。FDA 表示将敦促美国动物药业公司自愿性删除抗生素产品中有关促进动物生长、提高饲养效率的说明，今后这些抗生素产品将只能用于给动物治病，且需要接受相关监管才能使用。同时 FDA 还鼓励养殖户建立"兽医—客户—患者关系"档案，并要求养殖户建立更好的农场抗生素使用记录。美国 FDA 实行的是全面禁止在饲料中添加以预防用为目的的抗生素，并且规定农场主要得到某类抗生素，必须要先得到兽医的处方，该项政策从 2017 年 1 月 1 日起正式执行。面对 FDA 的"饲料禁抗令"，美国国家猪业协会的一项调查研究显示：美国 82% 的猪肉生产商已经意识到农场使用抗生素的法规即将发生变化，除了大型猪肉生产商外，年出栏 8 万头猪或更多的生产商中，83% 的生产商提到他们已经拥有一套稳定的系统来记录抗生素使用的管理过程。

第三节 欧美禁抗的经验

在动物养殖中减少抗生素的使用是非常困难的，如果促生长的、预防抗生素下降，那么治疗的抗生素会缓慢上升。如果要推行无抗方案，需要一个有效的监管程序，而且这些监管不仅限于饲料中的使用，也包括兽医处方的使用。欧盟的荷兰农场，抗生素使用量试行注册制，兽医开处方才能购买。抗生素的使用量以活性单位销售量作为指标，并对农场根据抗生素用量分成绿色、黄色、红色三级进行管理，黄色给予警告，红色直接关门，有效控制了促生长类抗生素的使用。

荷兰从 1998 年开始禁抗以来，抗生素使用量不降反增，因此，荷兰政府于 2008 年实施新的禁抗政策。第一，每个农场必须注册，使用量也需注册；第二，抗生素的使用量以活性单位销售量作指标；第三，抗生素作为促生长剂的使用量以全国的平均值作为基准指标。采取新措施后，荷兰抗生素作为促生长剂的使用量从 2008 年开始下降，到 2014 年与 2009 年相比下降了 58%，其中下降最多的是四环素，说明荷兰政府采取的方法合理有效。荷兰政府在控制抗生素时，首先确定使用抗生素的农场、养殖场，其次确定兽医师开处的量，最后按总量计算该农场每天每千克饲料的抗生素使用量的毫克数，作为单位来计算，以此来对农场进行分类。政府把农场分为三类，第一类是绿色，第二类是黄色，第三类是红色。以母猪为例，绿色级农场每 1kg 母猪每天的喂料中抗生素的含量在 10mg 之内；黄色级农场则是在 10~20mg，这类农场政府就予以警告；红色类农场抗生素作为促生长剂的使用量超过 20mg，这类农场政府会采取措施，最终关门。因此，在这种监管制度下，对养殖企业的要求是必须告之政府抗生素的用量、抗生素的类型、使用抗生素的目的。此外，对于兽医师来说，一个兽医只能管一部分养殖场，同一个兽医不能在其管辖范围外开药。

美国则制订了《抗生素耐药性细菌的国家行动方案》。国家行动计划中有五个目标：第一，延缓耐药菌的产生和防止耐药菌感染的传播；第二，加强国家卫生监督来对抗耐药性；第三，推进开发和使用对耐药细菌进行识别和定性的快速创新诊断检测手段；第四，加快新抗生素、其他疗法和疫苗的基础和应用研究以及开发；第五，加强对抗生素耐药性的预防、监测和控制，提高抗生素研究与开发的国际合作和能力。所以，美国的最终目标是要减少在动物养殖中抗生素的使用。

第四节　禁抗后如何保证生产

饲用抗生素的禁用不可避免，无抗饲料已达共识。下一步需要考虑怎么做，考虑没有抗生素动物生产怎么做。欧美的经验告诉我们，完全可以通过改善饲料营养、改进管理、加强动物防疫等一系列技术来综合实现动物的生产。

在各种动物品种中，蛋鸡、反刍动物、水产等品种对饲料禁抗的压力较小或没有，关注点和难点主要集中在猪和肉鸡品种上。而25kg体重前的仔猪阶段是被关注的焦点。因为仔猪断奶应激大，仔猪消化道在25kg体重前未发育完善，腹泻、死亡率高等是幼龄阶段禁抗和减抗后的最大难题。欧美国家经验告诉我们，禁抗后，要调整营养结构，增加可发酵纤维比例，使用高质量低蛋白日粮，调整饲料颗粒大小，使用添加剂。此外，还要加强饲养管理，注意饲养密度、饲养环境，采取全进全出式等，注意生物安全和卫生防疫制度建立。这是保障无抗饲料成功的关键。

一、调整营养结构

抗生素的使用减少了肠道菌群的数量，减少细菌的生长，降低营养素的使用量，碳水化合物及氨基酸的发酵也会减少，胆盐的解离也会降低，这一系列结果促进生产性能的发挥。而禁抗以后，肠道微生物的数量会提高，这要求我们对原有的营养结构进行调整。

对于仔猪，主要的经验是不仅要关注生长速度或者采食量，更要从配方营养指标的设计方面来保证肠道健康，减少问题的发生。第一，调整营养素的水平及质量，重新优化饲料配方，增加日粮中可发酵纤维的比例，采用高质量低蛋白日粮，增加脂肪中不饱和脂肪酸的比率，筛选有效的功能性添加剂产品等；第二，在饲料加工方式上，更多地关注改进和升级相应的饲料加工和设备，改善营养素的消化率；第三，要注意抗球虫药的正确使用；第四，添加剂的使用，目前欧洲大量使用的添加剂主要是酸化剂、合成氨基酸，此外还包括乳化剂、酶制剂、脱毒剂、有机微量元素、植物提取物、益生素和益生元等。

二、改进现场管理

欧洲饲料企业最为宝贵的经验就是养殖现场管理细节的改进，包括以下几点措施。

第一，提高现场饲养管理水平，以减少疾病的压力。如采用更严格的生物安全防护措施，从猪场的设计、生产模式变化、适当推迟断奶日龄、动物的全进全出、严格的人员和物品进场流程管理、动物转出后的彻底清洗消毒等各个细节上做出变化和彻底落实。

第二，改善畜舍环境条件，提升动物福利，减轻应激程度。如温度、通风、密度等方面的改进和调整等。在这样的背景下，疾病的压力小，现场不需用药的可能性大幅度提升。

第三，除了养殖现场的管理改进和设施设备的升级外，有疾病发生时必须在现场诊断后再针对性地用药，合理科学的免疫程序等也是最有力的保证。以上两点涉及的各项改变和措施是饲料禁抗后生产性能依然优秀的最大贡献点，权重可以在60%以上。

第五节　禁抗未来发展趋势

禁抗不仅是政府一纸文令的事情，更需要行业生产者自发、自下而上的投入和参与，这样才能行得更远。在美国，禁抗政策不仅是由政府推动的，更重要的是由生产者来推动。美国的一些大企业在考虑未来的发展方向，例如泰森、Smithfield 等，但是在美国，其实一些看似比较小的公司，可能走得更快一些，步子迈得更大一些。例如美国东北部的一个只有 10 万头母猪的公司，在其猪肉的标签上标注"我们有更高的标准，我们不加生长素剂作用的抗生素，不加任何动物的副产品"，他们现在已经承诺不加抗生素作为促生长剂。这个企业已经实现了无抗生产，但现在的生产性能实际上比过去用抗生素时还要高。在美国的另外一个比麦当劳还要大的快餐连锁店也已经承诺全程无抗生产。此外，他们还在美国的社交媒体上对所有的餐馆进行了评分，这给进入 F 栏的餐馆带来了很大压力，因为 F 就代表不及格。在欧盟，已禁用抗生素作为促生长剂，此外，欧盟要求兽医停止使用任何作预防使用的抗生素。完全不用抗生素可逐渐适应，现在欧盟的养殖业对抗生素的依赖越来越少，并且给配方师和营养师留出了更多的空间来做研究，比如原料、营养素、添加剂、核糖互作等方面。

第三章 中国饲用抗生素现状及趋势

我国养殖业抗生素用量非常惊人。据统计，2006年国内抗生素总产量为21万t，使用量约18万t，其中用于畜牧及饲料行业的就高达9.7万t，约占54%。伴随抗生素使用量的不断攀升，其不当使用甚至是滥用的现象日益严峻，为此引发的对人类健康的潜在威胁也越来越受到关注。2012年全国饲料产量达到1.94亿t，其中可以使用饲用抗生素的饲料1.32亿t（猪、肉禽饲料），允许在饲料中添加的抗生素达30多种（农业部168公告），其中包括一些高残留、高环境污染药物如砷制剂、喹乙醇等，饲用抗生素用量估计在4.6万t以上（按药物饲料添加剂常规添加量350g/t计算），占养殖业用抗生素总量约50%，但由于存在超量及多品种混用等现象，估得实际比例可能更高。养猪业是我国畜牧业的主体，猪肉食品占肉食品总量的60%以上，抗生素的用量占畜禽养殖总用量的绝大部分，是滥用抗生素的重灾区。由于养殖业抗生素滥用所导致的耐药性、环境污染及食品安全等问题不但损害着消费者的健康，更对养猪业未来的健康发展造成了非常严重的影响，因此，养殖业抗生素滥用已经到了不得不治理的地步。

第一节 抗生素滥用的危害

猪饲料在生产过程中，处于自身质量的考虑都会添加抗生素以及预混剂。事实上抗生素作为一种对诸如细菌、真菌、病毒在内的微生物进行抑制，从而促进动物生长，如今已经广泛使用于动物饲养中，但是随着使用量的日益增多，细菌耐药性以及动物产品药物残留等问题越来越突出。

一、抗生素滥用引起的菌株耐药性

耐药菌株可以通过食物链传递，也可能间接从动物散播到人，且抗生素在畜产品中的残留直接威胁着人类健康和安全。人类很多时候不是在治疗疾病过程中产生了耐药菌株，而是在食入动物源性食品时获得了耐药菌株。研究表明，猪场粪便发酵池排出的污水会污染浅表地下水，导致浅表地下水中细菌耐药性的产生，距离猪场越近的浅表地下水中细菌耐药性越严重。猪粪残留的抗生素也会进入周围水域，改变周围环境的微生物生态系统，如：影响蓝绿藻的生存（因为蓝绿藻对抗生素是敏感的）。由于蓝绿藻占浮游植物的70%，且全球1/3的自由氧是由蓝绿藻产生的，因此，可能影响到全球的气候和生态环境。

中国2003年畜禽粪便总量已有31.88亿t，耐药菌污染更为严重。经检测，四川14个市（县）发病猪场分离的沙门氏菌中大部分菌株含4~7种耐药基因，最多达到8种；从四川、重庆、湖北等19个省的95个规模化猪场中分离的480株大肠杆菌以多重耐药菌株为主。可见，猪病原菌耐药性非常严重，动物源"超级细菌"实际已经存在。我国人体病原菌耐药性也非常严重。有专家预计，耐药菌直接导致的死亡人数每年全球新增50万人。

二、抗生物滥用对动物健康的影响

在畜牧业发展中繁殖也是一项非常重要的工作内容，一般猪饲养的繁育过程中是一次多胎，并有种猪配种。为了保证种猪的身体强壮性，往往会采用所谓科学喂养的方法，如疫苗的注射、营养性饲料等，但在这些科学喂养中抗生素残留物很有可能已经过量地摄入到种猪体内并被吸收。到繁育小猪时，种猪体内带抗生素残留的基因就有可能直接培育出带抗生素残留物的幼猪。幼猪在以后继续食用抗生素残留的饲料后，形成了抗生素过量的恶性循环，而且其身上的病原体在孕育期已经产生耐药性，致使新的防病疫苗起不到应有的作用，为研制新药增加了经济成本。

大量抗生素被摄入机体后随血液循环分布于淋巴结、肾和肝等器官，使畜禽机体免疫力下降，病原菌乘虚而入造成更严重的危害。长期、大量使用抗生素会造成动物肠道内菌群失调，破坏微生态平衡。降低肠黏膜的厚度，使大分子物质通过率更高，降低了对毒素的屏障作用，造成肝脏的损伤。

三、抗生素滥用引发食品安全问题

当食品安全出现问题，必然会影响到人类健康。如在食入了可溶于血液的四环素降解物后，会很快融入血液中，在量剂较小时不会有明显副作用，但当积累到一定程度时，会引起人体对抗生素的耐药性，即使以后需要服用相关药物时会大大降低用药的效果。又如食入了磺胺类抗生素等残留的猪肉食品，其过敏性人群中很可能会引起强烈的过敏反应或皮疹，更有严重的患者会引起呼吸急促，晕厥甚至出现其他危险。除了过敏反应以外直接危害人体也是较为常见的病例，氨基苷类抗生素就可以使猪肉食用者的神经系统和听力系统产生损伤，会伴随着头疼、头晕、耳鸣、恶心等症状出现，再如红霉素等抗生素可以使人体的内脏产生破坏。

抗生素除了对人体器官及本身产生影响外，还会使人体菌群出现扰乱和破坏。人体内有无数的细菌群落，其中包括有益菌和有害菌，在长期摄入带残留抗生素食物以后，会对人体本身的所有细菌群落进行攻击和抑制。但由于人体自身的免疫力和新陈代谢，使其中的细菌和抗生素直接长时间的磨合与接触，最终人体内细菌会发展成为具有耐药性的细菌群落，当然这其中也包括有益菌和有害菌，从而使人体内的菌群失调甚至出现异变。这时如果人体需要药物治疗某些疾病，耐药菌会使对症下的药毫无效果，从而增加了研制新药物的成本和耐药细菌的传播概率。

四、抗生素对环境污染的影响

在猪的饲养过程中，会产生大量的副产品垃圾，如排泄物、死尸及屠宰过程中产生的下脚料等，在处理不当的情况下，会对周围环境产生影响。由于在猪饲料中使用抗生素饲料添加剂可以将病原微生物杀死，有效防止其肠道菌群中有害微生物的产生，从而提高了猪对饲料中营养成分的吸收，以至于大量的抗生素添加饲料被用于养殖生产中，但是使用过量反而产生负面效果。猪在消化饲料过程中，大部分的抗生素不能被动物本身吸收，作为原药添加剂被直接排放到土壤中，土壤被未经过降解的高浓度抗生素添加剂污染，即使被再次利用为植物栽培，由于其含有添加剂使得土壤本身就不利于植物生长，破坏了土壤中的养分，而且部分养殖户会将猪的排泄物作为植物的肥料使用或出售，被抗生素污染的肥料（排泄物）中已经具有了抗生素，在灌溉农田等植物时对土地和农作物再次形成了二次污染，由此恶性循环已经产生。最重要的是，土壤中本身微生物的活跃度被抗生素抑制，经过长时间的抑制与生长，土壤中的微生物群就产生了对抗生素的耐药性，形成新的活跃菌群，很有可能对周围的空气、水质产生污染，一旦经过某种途径传播到人群中，势必会形成一时无法抑制的具有耐药性的有害菌，从而再次危害人们的身体健康。

猪粪中检出高浓度抗生素包括磺胺类、四环类和喹诺酮类，是由于其广泛用于兽药中，是非常重要的3类抗生素。有研究在猪粪中检出甲氧苄啶、氧四环素、四环素、诺氟沙星、脱水红霉素和罗红霉素。检出浓度最高的抗生素为四环素，浓度为5.6mg/kg，其次为氧四环素，最高浓度为0.68mg/kg。陈昇等对江苏省畜禽粪便中的抗生素残留水平进行调查，结果显示磺胺类抗生素的最高浓度可达7.1mg/kg。邰义萍等对广东省不同地区规模化养殖场粪便中的喹诺酮类和磺胺类抗生素进行分析，检出率均为100%，其中，喹诺酮类抗生素中恩诺沙星的浓度最高，为595μg/kg；磺胺类抗生素中磺胺甲基嘧啶浓度最高，为4.87mg/kg。张丽丽等调研结果表明，北京地区四环素类抗生素以及铜和锌等有害物质在猪粪中的残留仍不容忽视。四环素类抗生素中的四环素和土霉素在猪粪中检出率较高，特别是四环素检出率高达90.9%，残留量最高值达27.4mg/kg，四环素类抗生素总浓度最高值超过欧盟土壤环境风险控制推荐限值约3倍。猪粪中重金属铜的含量100%超过德国有机肥料标准。长期较高浓度的抗生素、铜和锌的排放可能导致养殖场周边水体和土壤环境中此类风险物质的残留累积，从而对生态环境及人类健康带来潜在风险和危害。

截至2012年底，北京市生猪存栏187.4万头，每年猪粪产生量约可达110万t，其中的抗生素和重金属残留量可达400~500t，如果不加以控制将对北京市生态环境带来不可预见的风险。目前北京市畜禽粪便的最终处理方式基本为还田，而畜禽粪便还田是粪便中有害物质进入环境的主要途径。畜禽粪便中的抗生素类药物和重金属多数为持久性污染，易在土壤中积累，极有可能被植物吸收进入食物链，进而威胁人类或动物健康。虽然目前还没有针对畜禽粪便中抗生素或铜、锌残留对人体健康产生影响的实例和报道，但这种风险确是客观存在的。畜禽粪便的管理和监测以及建立相应的预警机制是摆在人们眼前的一项重要任务。

第二节 饲用抗生素替代困境与对策

到目前为止，抗生素替代品可谓层出不穷，然而在实际生产中很难完全替代抗生素。究其原因主要有以下几点。

一、替代品成本高，效果不理想

成本影响企业的效益，所以饲料生产企业和养殖企业管理者对成本非常敏感。与较便宜的抗生素比较，添加任何一种替代添加剂都会增加成本，生产者本身对选用这些产品产生一定的抵触。因此，如何降低生产成本成为饲料添加剂生产企业关注的问题。成本固然重要，替代品的作用效果更为关键。即使是饲料企业和养殖企业使用了替代品，可是目前，大多抗生素替代添加剂作用效果不稳定性，影响了使用者的信心。使用效果差的原因之一是产品本身的质量不高，有待进一步通过技术创新加以改进，这个环节每个饲料添加剂生产企业都十分重视，却忽略了对产品的配套使用方法的研究。许多饲料添加剂企业有产品上市之前并没有系统地研究产品的合适使用对象、使用阶段、适宜添加量以及对动物直接的作用效果等，结果降低了产品的实用性。

二、替代添加剂配伍不合理

在单一添加剂暂时无法替代抗生素的情况下，生产中利用某几种添加剂在作用机理方面的协同性，探讨在饲料中同时添加几种抗生素替代品，以达到减少使用或完全不添加抗生素的目的。由于目前很少有经过大量的体外试验和动物试验筛选得到最优化的功能性添加剂组合配伍，盲目在饲料中添加多种替代品很难达到预期的效果。加大针对不同日粮类型、不同动物的不同生长发育阶段和不同饲养条件下具有协同作用的功能性添加剂的最佳配比与最适用量的研究力度，对由少用过渡到不用抗生素的日粮精细配方具有重要科学和现实意义；同时对改善畜产品品质也有深远的影响。

三、饲养管理水平低，饲养环境差

抗生素替代品的作用效果与饲养环境关系密切。目前饲用抗生素无法完全被替代的重要原因之一就是没有较好的饲养环境作为保障。在集约化程度越来越高的今天，包括我国在内的发展中国家的养殖业中农户散养方式仍占相当大的比重，整体的饲养管理水平低、饲养环境差，这就造成畜禽养殖业在一定程度上对抗生素的依赖性。改善饲养方式和饲养环境是实现无抗生素养殖的重要外部保障，也是动物福利的要求。

第三节　饲料禁抗的技术准备与管理建议

一、技术准备

我国规模化猪场大肠杆菌耐药性检测及血清流行病学调查的报告显示，养殖场的感染压力在逐年增加，使用饲用抗生素的效果下降。目前饲料企业在积极进行相关的减抗技术储备。最直接有效的措施还是养殖企业需要从养殖场设计、生产模式、设施设备、生物安全等方面进行改变，需要理念的更新和资金的投入。即使条件所限，养殖场不能立即有大的改变，但在管理层面和生物安全防护方面的工作必须不断加强。这些工作是减少疾病风险和减少抗生素使用最为有效的环节。同时饲料企业应该再重新审视自己的配方和日粮配制技术，换一种思维模式来做幼龄动物的饲料产品。从原料供应商的评估、原料的品种选择、原料稳定供应、原料的卫生标准把控上做更细致的工作；饲料生产环节上要严格按照《饲料质量安全管理规范》的要求进行生产；饲料日粮设计上关注营养的精准和营养素的平衡，选择好蛋白原料和纤维原料的来源；通过原料深加工和饲料加工工艺的改进，减少有害微生物的污染，提升饲料原料的消化率等。近几年抗生素替代品的研究成为国内的热点，除了欧盟已经验证的几大类型替代品，国内还开发出多种新型替代品，饲料企业可以根据自己的客户养殖现状进行不同的组合，不断实践和验证。一条铁律：即使选对了替代品，依然无法替代优秀的养殖现场管理带来的贡献。

二、管理建议

饲料中禁抗，从原则上说不是件难事，但落实到现场养殖中却并不容易，最大的风险会落在管理不良和生物安全防护差的养殖场，最大的压力是在仔猪断奶阶段。目前，我国的生猪养殖，依然是中小规模占大比率。根据全国畜牧总站统计，中小规模猪场（每年出栏100~5 000头育肥猪）出栏的肉猪依然是主流，占45%左右（以出栏头数计），而且不管猪场规模大小，猪舍设计的合理性、生物安全理念以及现场管理水平等参差不齐，不少猪场生物安全意识差，需要提升理念和各项现实的技术服务。我国的饲料禁抗管理要多方位考虑，要视国情、视动物和视阶段不同对待。

虽然饲料禁抗表面看起来是饲料企业的动作，但实际上则是畜牧养殖链条的系统工程。如何科学地实施行业管理，通过饲料禁抗来推动畜牧饲料行业的升级，防止顾此失彼。把对行业的应激降低到最小是行业管理者要考虑的。显然，只有科学、严密和理性的饲料禁抗制度，才更容易在企业落实和推动，而不科学的制度在现场将很难执行。同时，还要考虑如何保证不出现新的食品安全问题或者隐患。

欧洲饲料禁抗的实践已经给出了很多有益的经验。真正把饲料禁抗在我国平稳落地，是畜牧行业的系统工程，不可简单为之。禁抗行动需要产业链的各个环节通力合作，原料企业、饲料企业、兽医企业、养殖企业、食品加工企业和行业监管等环节要互相配合和支持，以务实的态度、创新的方式，走出适合我国国情的健康养殖之路。

第四节　无抗养殖的远景

尽管目前还没有任何其他添加剂可以完全取代饲用抗生素的地位。然而我们也应该正视使用抗生素添加剂所面临的来自各方面的挑战，抗生素类促生长添加剂必将退出历史的舞台。为了保障畜禽养殖业的健康和可持续发展，功能性、绿色饲料添加剂接替抗生素的防病、促生长作用，任重道远。抗生素替代决非口号，而是现实的、具体的、具有挑战性的课题。挑战与机遇并存，禁用抗生素不仅可以推动和保障饲料工业和养殖业的健康发展，而且还给行业的发展模式与方向带来了新的机遇。但机遇只青睐有准备者，相关企业只有加大对抗生素替代研究的投入，形成独特的创新性技术，才有可能、有实力成为引领"后抗生素时代"全球畜牧行业发展的弄潮儿。

一、建立无抗养猪的生产系统

1. 加快无抗猪标准化流程建设

（1）选育抗病力强的品系。

综合目前已有的国内外猪遗传资源，加大力度推进猪的遗传改良，提高猪的抗病能力。特别是，在无抗养猪的生产方案中，可以将品种优良、体况强壮的公猪作为父系保留下来。

（2）建立配套的养殖体系。

目前在无抗养猪中，采用了全进全出的生产方式。运用混凝土、金属和 PVC 材料建造猪舍，无木质材料，而且猪舍安装能够良好运作的通风系统。这方面还需广大的生产厂家与科研单位加强合作，攻克关键技术，建立健全覆盖全程、综合配套、便捷高效的养殖体系。

（3）强化无抗养猪安全监管。

第一，健康状况。已知健康状况良好的猪群更容易转换到无抗养殖的程序中；第二，生物安全。目前加拿大将无抗养殖的生物安全措施进行了规范，大致有以下几点：猪场需封闭管理，不得随意进出；猪场需配备运作正常的丹麦式沐浴室；有可靠的防鼠措施；制定员工的休息时间表；制订消毒方案。

2. 营造良好的饲养环境

饲养环境是指猪生存的场所没有危害猪的病原，或病原种类和数量很少，不足以对猪群构成威胁。营造良好的饲养环境，从清洗消毒、空气过滤、全进全出等方面着手。

在无抗养殖过程中，必须重视病原的检测，每一批引进的猪都要进行严格的检测，确定其健康且无特定的病原，才能转入猪舍。

疫苗接种能提高无抗猪抵抗疾病的能力，生产中必须强化免疫接种，努力提升抗体水平，使猪只产生较好的抗体保护。

如何对种猪群的疫病进行净化是整个无抗养殖中的关键，每年可对种猪群体进行数次疫病监测，及时淘汰特定病原的猪，确保猪群健康。

3. 强化无应激措施管理

应激的动物比正常动物更容易发病，要有效减少猪只生病，无抗养殖过程中降低养猪应激尤为重要。生产中应激因素有很多，夏季高温、冬季寒冷，以及生产中的防疫和转群等都可能造成猪只应激。因此，每当采取任何会造成猪只应激的行动之前，都要考虑采用一种能够降低应激的方式来完成相应的工作。以防因应激导致猪只发病，给生产造成损失。无抗养猪中，更应该重视舍内通风、舍内温湿度、饲养密度、饮水消毒和饮食等。

二、提高无抗养猪的生产性能

在无抗养猪过程中如何提高猪的生产性能是规模养殖的关键。从目前的研究结果看，我们可以从以下几个方面着手。

1. 断奶日龄

仔猪断奶实际上是一个生理过程，但常规管理措施及早期断奶方法的应用使这一过程大为缩短，但在无抗养殖中早期断奶会造成猪的腹泻。仔猪对母乳的消化率近乎100%，20日龄前胰腺分泌的淀粉分解酶的活性很小，仔猪于20日龄后断奶有一个更成熟的肠道，更适合无抗生素猪的生产系统，不过猪圈的供应可能是一个问题。

2. 保育期日粮

由燕麦壳、马铃薯淀粉和大麦配制的饲料似乎比小麦-玉米型日粮更加可口。将蛋白质含量降低至17%~18%有助于减少仔猪腹泻的发生。断奶后5d内采用限饲的饲喂方式，只喂给占其体重3%重量的饲料。

3. 抗生素替代品

有关研究发现，无抗饲养的初生小猪在整个生长发育阶段的平均日增重和料肉比都明显低于有抗饲养。所以寻找抗生素替代品成为提高猪生产性能的最主要目标。替代抗生素的商业产品很多，正在实验室研究的制剂则更多。现有的比较成熟的产品有益生菌、功能性寡糖、植物提取物等，除此之外，目前研究的热点之一是采用现代发酵技术和基因工程手段等进行研发的抗生素替代产品。

4. 生物饲料

生物饲料是以微生物发酵技术为核心生产的动物饲料或饲料原料，其主要特征是含有大量的乳酸菌或酵母菌等有益微生物，其中无抗发酵饲料是近几年研发热点，这种饲料的pH值比较低，基本不含大肠杆菌、沙门氏菌和金黄色葡萄球菌等有害菌，对动物肠道的微生态健康有积极的保护作用。研究表明，无抗发酵饲料能提高仔猪和生长育肥猪的生长性能，改善肠道微生物平衡，增强免疫能力和消化能力。

第四章 仔猪无抗饲料配制新策略

抗生素作为生长促进剂在饲粮中长期使用造成的耐药性和残留问题已引起世界各界人士的广泛关注，随着禁抗法规不断完善，无抗饲料成为社会关注的焦点，其关键是无抗日粮的配制。配制好仔猪无抗饲料，需要充分了解仔猪的消化生理特点。

第一节 仔猪的消化生理与营养需要

一、仔猪的消化生理特点

仔猪的主要特点是生长发育快和生理上不成熟，造成难饲养，成活率低。

1. 生长发育快、代谢机能旺盛、利用养分能力强

初生仔猪体重小，不到成年体重的 1%，但出生后生长发育很快。一般初生体重为 1kg 左右，10 日龄时体重达初生重的 2 倍以上，30 日龄达 5~6 倍，60 日龄达 10~13 倍。

仔猪生长快，是因为物质代谢旺盛，特别是蛋白质代谢和钙、磷代谢要比成年猪高得多。20 日龄时，每千克体重沉积的蛋白质，相当于成年猪的 30~35 倍，每千克体重所需代谢净能为成年猪的 3 倍。所以，仔猪对营养物质的需要，无论在数量和质量上都相对高，必须保证各种营养物质的供应。

猪体内水分、蛋白质和矿物质的含量随年龄的增长而降低，而沉积脂肪的能力则随年龄的增长而提高。形成蛋白质所需要的能量比形成脂肪所需要的能量约少 40%（形成 1kg 蛋白质只需要 23.63MJ，而形成 1kg 脂肪则需要 39.33MJ）。所以，小猪要比大猪长得快，能更

经济有效地利用饲料，这是其他家畜不可比拟的。

2. 仔猪消化器官不发达、容积小、机能不完善

初生仔猪消化器官虽然已经形成，但其重量和容积都比较小。如胃重，出生时仅有 4～8g，能容纳乳汁 25～50g，20 日龄时达到 35g，容积扩大 2～3 倍，60 日龄时可达到 150g。小肠也强烈地生长，4 周龄时重量为出生时的 10 倍。

仔猪出生时胃内仅有凝乳酶，胃蛋白酶很少，由于胃底腺不发达，缺乏游离盐酸、胃蛋白酶，没有活性，不能消化蛋白质，特别是植物性蛋白质。这时只有肠腺和胰腺发育比较完全，胰蛋白酶、肠淀粉酶和乳糖酶活性较高，食物主要是在小肠内消化。所以，初生小猪只能吃奶而不能利用植物性饲料。

在胃液分泌上，由于仔猪胃和神经系统之间的联系还没有完全建立，缺乏条件反射性的胃液分泌，只有当食物进入胃内直接刺激胃壁后，才分泌少量胃液。而成年猪由于条件反射作用，即使胃内没有食物，同样能分泌大量胃液。

随着仔猪日龄的增长和食物对胃壁的刺激，盐酸的分泌不断增加，到 35～40 日龄，胃蛋白酶才表现出消化能力，仔猪才可利用多种饲料，直到 2.5～3 月龄盐酸浓度才接近成年猪的水平。

哺乳仔猪消化机能不完善的又一表现是食物通过消化道的速度较快，食物进入胃内排空的速度，15 日龄时为 1.5h，30 日龄时为 3～5h，60 日龄时为 16～19h。

3. 缺乏先天免疫力，容易得病

初生仔猪没有先天免疫力，是因为免疫抗体是一种大分子 γ-球蛋白，胚胎期由于母体血管与胎儿脐带血管之间被 6～7 层组织隔开，限制了母体抗体通过血液向胎儿转移。仔猪出生时没有先天免疫力，自身也不能产生抗体，只有吃到初乳以后，靠初乳把母体的抗体传递给仔猪，以后过渡到自体产生抗体而获得免疫力。

（1）初乳中免疫抗体的变化。

母猪分娩时初乳中免疫抗体含量最高，以后随时间的延长而逐渐降低，分娩开始时每 100mL 初乳中含有免疫球蛋白 20g，分娩后 4h

下降到 10g。分娩后立即使仔猪吃到初乳是提高成活率的关键。

（2）初乳中含有抗蛋白分解酶。

初乳中的抗蛋白分解酶可以保护免疫球蛋白不被分解，这种酶存在的时间比较短，如果没有这种酶，仔猪就不能原样吸收免疫抗体。

（3）仔猪小肠有吸收大分子蛋白质的能力。

仔猪出生后 24~36h，小肠有吸收大分子蛋白质的能力。不论是免疫球蛋白还是细菌等大分子蛋白质，都能吸收。当小肠内通过一定的乳汁后，这种吸收能力就会减弱消失，母乳中的抗体就不会被原样吸收。

仔猪出生 10 日龄以后才开始自身产生抗体，直到 30~35 日龄前数量还很少。因此，3 周龄以内是免疫球蛋白"青黄不接"的阶段，此时胃液内又缺乏游离盐酸，对随饲料、饮水等进入胃内的病原微生物没有消灭和抑制作用，因而仔猪容易患消化道疾病。

4. 调节体温的能力差，怕冷

仔猪出生时大脑皮层发育不够健全，通过神经系统调节体温的能力差。仔猪体内能源的贮存较少，遇到寒冷血糖很快降低，如不及时吃到初乳很难成活。仔猪正常体温约 39℃，刚出生时所需要的环境温度为 30~32℃，当环境温度偏低时仔猪体温开始下降，下降到一定范围开始回升。仔猪生后体温下降的幅度及恢复所用时间视环境温度而变化，环境温度越低则体温下降的幅度越大，恢复所用的时间越长。当环境温度低到一定范围时，仔猪则会冻僵、冻死。

据研究，初生仔猪如处于 13~24℃的环境中，体温在生后第一小时可降 1.7~7.2℃，尤其 20min 内，由于羊水的蒸发，降低更快。仔猪体温下降的幅度与仔猪体重大小和环境温度有关。吃上初乳的健壮仔猪，在 18~24℃的环境中，约两日后可恢复到正常，在 0℃（-4~2℃）左右的环境条件下，经 10d 尚难达到正常体温。初生仔猪如果裸露在 1℃环境中 2h 可冻昏、冻僵，甚至冻死。

二、仔猪的营养需要

仔猪生长发育迅速，新陈代谢旺盛，对营养物质的需求量较高，尤其是对蛋白质、能量、矿物质元素的需求。因此，配制仔猪的日粮配方，需要充分了解仔猪在此阶段营养上的特点。仔猪的营养研究日益成为国内外热点，许多相关的研究对仔猪日粮营养水平和原料选择进行了重点论证，并对仔猪的需要量进行了合理评估。

1. 能量需要研究

近20多年来，国内有关仔猪能量需要的研究报道极少。对我国普遍饲养的杜×大×长三元杂交仔猪研究表明，8~22kg以上仔猪采食量与饲粮消化能浓度呈较强负相关（$R^2=0.79$），并且不同饲粮消化能浓度的各组消化能、代谢能摄入量均无显著差异，而4~8kg仔猪以上两指标相关性较弱（$R^2=0.27$）。断奶仔猪通常需要2~3周时间恢复其能量摄入量，重新达到断奶前的生长速度，更不用说达到其生长潜力了。有研究对2006—2011年国内和JAS杂志关于断奶仔猪的试验研究进行汇总发现，5~10kg阶段，仔猪日粮消化能和代谢能水平为13.87MJ/kg和13.32MJ/kg，远远低于NRC（1998）推荐的14.23MJ/kg和13.66MJ/kg，但与国内《猪饲养标准》（2004）（中华人民共和国农业部，2004）推荐的14.02MJ/kg和13.46MJ/kg接近。国内外文献关于仔猪5~10kg阶段消化能和代谢能的摄入量平均为4.87MJ/d和4.68MJ/d，均低于NRC（1998）推荐的能量摄入量水平，这主要是由于采食量的差异造成。在10~20kg阶段，日粮消化能和代谢能水平分别为14.15MJ/kg和13.58MJ/kg，高于《猪饲养标准》（2004）推荐的13.60MJ/kg和13.06MJ/kg，与NRC（1998）和NSNG（2010）推荐的消化能和代谢能水平较为接近。10~20kg阶段国内断奶仔猪的消化能和代谢能（9.03MJ/d和8.67MJ/d）实际摄入量大幅度低于国外文献数据（11.39MJ/d和10.93MJ/d），不到NRC（1998）和NSNG（2010）推荐能量摄入量的70%，也同样低于国内《猪饲养标准》（2004）推荐的能量摄入量。

2. 蛋白质需要量

仔猪出生后快速生长、生理机能急剧变化，对蛋白质和氨基酸营养需要高。但仔猪消化系统发育不完善，断奶后营养源从母乳转向固体饲料，饲粮中高蛋白质水平往往导致仔猪腹泻和生长抑制。因此，确定仔猪饲粮适宜蛋白质水平尤为重要。过去 20 多年来国内外对仔猪蛋白质需要进行了大量研究，其评价指标包括生长性能、氮沉积、腹泻情况及消化道形态结构等。对相关研究报道进行综合，18%~20%的粗蛋白质水平可满足 4~20kg 仔猪的需要，建议 4~10kg 阶段采用 20%，10~20kg 阶段采用 18%。

3. 氨基酸需要量

仔猪氨基酸需要仍是最近国内外研究的重点之一。有研究对 20 多年来的相关研究报道进行分析。①仔猪赖氨酸需要量为：体重小于 10kg 仔猪（均重 7.70kg）需要量为 1.47%；大于 10kg 仔猪（均重 14.20kg）为 1.18%。②关于仔猪蛋氨酸需要量的研究报道较少，总含硫氨基酸需要量的研究结果差异较大。体重小于 10kg 仔猪（均重 6.58kg）总含硫氨基酸需要量为 0.75%；大于 10kg 仔猪（均重 14.30kg）为 0.59%，低于 NRC（1998）相应推荐量。③体重小于 10kg 仔猪苏氨酸需要量 0.92%（均重 7.54kg）、色氨酸需要量 0.26%（均重 6.33kg）；大于 10kg 仔猪苏氨酸需要量 0.70%（均重 13.61kg）、色氨酸需要量 0.22%（均重 14.23kg）。④关于仔猪异亮氨酸、缬氨酸、精氨酸、组氨酸和酪氨酸需要量的研究报道还相当少。这些氨基酸对于仔猪尤其断奶仔猪蛋白质合成、免疫功能、解毒、抗应激等都有重要作用，有必要加强相关研究。⑤早期断奶仔猪饲粮中补充 Gln 可防止空肠绒毛萎缩，提高抗氧化能力、小肠吸收功能和消化酶活性，增强免疫功能，促进肌肉中 RNA 和蛋白质合成，从而提高生产性能和减少腹泻。⑥N-氨甲酰谷氨酸（NCG）作为精氨酸内源合成激活剂，价格仅为精氨酸的 10%，越来越受到人们的关注。断乳仔猪日粮中添加 NCG 可改善断乳仔猪的生长，并不是通过提高采食量来实现，而是通过激活 CPS-Ⅰ和 P5CS 增加内源精氨酸合成，提高血浆生长激素水平以及恢复小肠形态等途径，最终促进断乳仔猪生长。

4. 维生素

20 世纪 40—70 年代，国外对猪维生素需要量开展了大量研究，近 30 年来国内外对猪维生素需要量的研究则很少。对近 20 年来相关研究结果进行分析。①NRC（1998）对脂溶性维生素的推荐量可满足仔猪正常生长的需要，但要获得最佳免疫功能和抗氧化能力需要2~5倍于NRC（1998）需要量。②我国修订瘦肉型猪饲养标准仍主要参考NRC等标准，这对生产实践的指导作用明显不够。③实际生产中仔猪饲料往往添加高于NRC标准推荐量5~10倍的维生素，不同饲料中添加量也相差达8倍。因此，系统研究仔猪的维生素需要量显得重要而迫切。

5. 矿物质

最近20多年来，国外关于仔猪矿物质需要的研究报道较少。NRC（1998）中除调高钠和氯的需要量之外，其余矿物元素推荐量与NRC（1988）一样。饲粮中的钾、钠、氯是相互作用的，应考虑电解质平衡，尤其实用猪饲粮中往往钾含量较高。

高铜、高锌对环境的负面影响已经引起关注。高剂量铜（250mg/kg）和锌（3 000mg/kg）促进仔猪生长和防腹泻的作用已被大量研究证实。然而，高铜带来的残留和污染问题应引起重视。使用有机铜可降低铜的用量，达到高剂量硫酸铜的效果，从而降低组织残留和对环境的压力。

第二节　仔猪饲料原料选择

一、仔猪饲料原料选择原则

1. 原料的消化率比营养参数更重要

仔猪具有生长发育迅速、新陈代谢旺盛的特征，但与此同时，仔猪消化器官不发达、消化机能不完善。近年来，随着养猪业科学技术水平的不断提高，绝大多数养猪生产者都采取21~35日龄断奶（早期断奶）。早期断奶有很多优越性，但在生产中也存在许多具体问题，其中，最关键的是早期断奶仔猪的生长抑制现象。引起生长抑制的因素很多，其中营养因素是最主要的，具体表现为两个方面，即断奶导致的仔猪暂时性营养不足和由母乳转变为以植物性原料为主的饲粮引起的消化机能障碍。因此，根据仔猪的消化生理特点，选择高消化率的原料对配制仔猪饲料至关重要。断奶前的仔猪，其营养几乎全部来自流质的母乳，母乳富含乳脂和易消化的酪蛋白，碳水化合物以乳糖为主，不含淀粉和纤维，消化道内的消化酶只能有效消化乳成分。断乳仔猪饲料中，蛋白质多为植物蛋白，碳水化合物以淀粉为主，并含有仔猪几乎不能消化的粗纤维。因此，仔猪饲料中应有一定量的乳制品、乳清粉、乳糖或奶粉，以便使仔猪的消化功能由母乳逐步向饲料过渡。

2. 饲料适口性和采食量是发挥仔猪生长潜力的主要因素

仔猪的相对生长强度最大，对能量和营养素的需求水平高，适口性好的饲料，会增加采食量，适口性差的饲料，会减少采食量。在仔猪常规日粮中，多数原料均存在适口性的问题。提高日粮适口性从滋味和香味两个方面考虑。前者包括甜味、酸味、苦味和咸味，而甜味最易被猪接受。香味种类较多，乳猪和断奶猪喜爱的香味有：乳、巧克力、香草、槭树、薄荷、柠檬、草莓、酸橙、木莓、橙、椰子、苹果。

日粮总的适口性问题可由两个途径解决：一是添加调味剂，调味剂的作用是使饲料具有特殊香味，也可掩盖饲料不良气味、改善饲料适口性和提高采食量，而且在饲料中存留时间长；二是选用适口性好的原料，而原料的本味、保鲜度以及霉菌生长造成的氧化和变质是两大严重影响饲料适口性的因素。饲料一旦氧化，就会产生氧化产物，使饲料发生异味影响适口性。因此，饲料储藏中常要求添加抗氧化剂。饲料中添加防霉剂可防止霉菌生长，尤其是高营养浓度的仔猪补料和断奶料，在猪舍温暖潮湿、通风不良条件下极易霉变。霉变饲料不仅大大影响适口性，使采食量下降，其霉菌毒素还会严重影响仔猪的健康。只有在全面考虑日粮适口性方案后，才能生产出仔猪爱吃的、采食量最佳的日粮。

仔猪天性偏爱母乳，喜食具有奶香味的饲料，因此断奶猪料首选的调味剂是奶味。研究表明，采食乳香味饲料的仔猪，采食量可增加5%~7%，日增重提高8%~11%，并降低料肉比5%。

二、哺乳仔猪饲料原料

哺乳期仔猪消化道功能主要适合于母乳的消化吸收，消化器官正处在迅速增长的时期，消化道的容量、消化酶的活性、对补充饲料的消化能力有限。因此，选择营养密度高、适口性好、易消化的饲料原料，是保障仔猪顺利认识饲料、断奶前后对饲料的适应、实现断奶饲料和营养供应平稳过渡的关键。

1. 能量原料

虽然猪能够通过调整日采食量维持恒定的能量摄入量，但是由于仔猪采食量小，体内贮存脂肪的供应量很少，故对原料的营养浓度要求很高。只有这样，仔猪才可能获得理想的日增重和料肉比，提高饲养经济效益。

乳制品和糖类原料是仔猪配合饲料主要的能量饲料原料，尤其是高质量饲用级的乳清粉，已经成为仔猪教槽料中优秀的乳糖来源。乳清粉含 65%~75% 的乳糖、12% 粗蛋白质（NRC，1998）。推荐 SEW（猪体重 2.2~5.0kg）阶段日粮中添加 15%~30% 乳清粉，过渡期（5.0~7.0kg）日粮添加 10%~20%，第二阶段（4.0~11.0kg）添加 10%。使用乳清粉需要注意的是其盐分含量较高。乳糖价格较乳清粉便宜，推荐添加量为：SEW 日粮中添加 18%~25%，过渡期添加 15%~20%，第二阶段为 10%。近年来，随着乳糖原料成本的上升，人们开始寻求更为优质廉价的替代原料。比如用葡萄糖、大米糖浆、淀粉原料、玉米原料等替代乳糖。总体来看，葡萄糖仍是较为理想的乳糖替代品，大米糖浆和各种淀粉原料可以适当添加以降低成本，而对于玉米原料而言，经膨化处理后有利于仔猪的利用。

仔猪对外源油脂利用能力较差，教槽料中宜采用低水平油脂，一方面可适当提高教槽料能量浓度和提供必需脂肪酸，另一方面可提高制粒效果、控制粉尘及改善适口性。对于乳仔猪日粮中所用脂肪类型需加以仔细考虑。据报道，椰子油消化率最高并能真正促进刚断奶仔猪的增重，这显然与脂肪酸的不饱和度和链的长度有密切关系。以 3 周龄乳仔猪为例，对短链脂肪酸的消化率是 86%，中链是 70%，长链只有37%。但猪对脂肪酸的消化率随年龄的提高而增长，尤其对不易消化的长链脂肪酸有较大幅度的提高。3~4周龄幼猪日粮中一般只应用短链不饱和脂肪酸。乳仔猪饲料中添加大豆卵磷脂，可乳化饲料中脂肪，提高脂肪消化率。

2. 蛋白质饲料

仔猪体组织的增长主要是蛋白质的沉积，因此，日粮蛋白质、氨基酸的浓度要求高。然而，由于乳仔猪消化功能发育的不完全性和高强度的新陈代谢，对蛋白质的质量、氨基酸的平衡尤为重要。消化性、适口性好，氨基酸利用率高的蛋白质饲料是乳仔猪对蛋白质原料的要求。乳制品是早期断奶仔猪料中必不可少的原料，其消化率高达95%。脱脂奶粉一般含33%粗蛋白和50%乳糖。仔猪日增重、采食量和饲料转化率随饲粮中脱脂奶粉添加量的增加而提高。脱脂奶粉价格较高，从饲料成本和生产效益考虑，生产中的添加量范围一般在5%~15%，视仔猪断奶日龄而定。同样由于乳源蛋白质原料的高昂成本，人们开始寻求以血浆蛋白粉和植物蛋白原料作为替代。总体而言，脱脂奶粉、血浆蛋白粉、乳清蛋白提取物、鱼粉、喷雾干燥血粉、豆粕和深加工豆制品是早期断奶仔猪的主要蛋白质源。其他蛋白源还包括酵母蛋白、大米蛋白粉、禽血浆蛋白粉。同时，为了进一步提高养分利用率，改善适口性，采用加热等工艺破坏大豆甚至豆粕中的抗营养因子，是保障仔猪良好的消化功能、防止补料腹泻的有效措施。花生粕、棉籽粕、菜籽粕以及其他加工副产品，由于氨基酸不平衡性、适口性较差、所含有毒有害物质的不确定性，不宜作为乳仔猪的蛋白质饲料原料。

三、断奶仔猪饲料原料

充分的证据表明与其他谷物相比，以煮熟大米为基础的保育日粮将会改善猪的生长性能和抗病力。然而，在商业化条件下，以煮熟大米为基础饲喂仔猪所需价格较高。研究表明，与玉米或小麦基础日粮相比，猪日粮中添加大麦、莜麦或燕麦，仔猪的生长性能提高，腹泻率降低。因此，保育阶段日粮中推荐全部使用或部分使用谷物，包括大麦、莜麦或燕麦。大麦、莜麦可以完全替代日粮中的玉米,但是燕麦含量不能超过 30%。不同谷物也可以结合使用。

日粮添加大麦、莜麦或燕麦可以提高保育猪生长性能的原因被认为与这些谷物中所含的特殊纤维有关。这些纤维进入后肠中发酵,产生的短链脂肪酸可以刺激肠道内细胞因子的表达,从而减少病原菌定植于肠道的风险。另外,这些纤维可以作为益生素,增加后肠中有益微生物含量。

通常大麦、莜麦或燕麦价格不会比玉米高。因此,日粮中添加这些谷物不会增加成本。所以,饲喂仔猪以谷物为基础的日粮带来的高生长性能、低腹泻率将会产生更高的利润。

第三节 母猪无抗饲料配制

饲料营养好,母猪的繁殖性能也就高,所产仔猪就健康。相反,会导致仔猪健康水平降低,养殖效益下降。只用适宜且充足的营养,才能保障后备母猪的正常生长、保障妊娠母猪及胎儿的正常发育、保障哺乳母猪及仔猪的健康成长。实际生产中,我们建议从母猪的阶段营养入手,分别针对后备、妊娠、泌乳、空怀几个阶段控制母猪营养,保障仔猪健康,提高养殖效益。

一、后备母猪营养与日粮配制

对于后备母猪的饲养要求是能正常生长发育,保持肥瘦适中的种用体况。适当的营养水平是后备种猪生长发育的基本保证,过高、过低都会造成不良影响。日粮中的营养水平和营养物质含量应根据后备种猪生长阶段不同而异。要注意能量和蛋白质的比例,特别要满足矿物质、维生素和必需氨基酸的供给,切忌用大量的能量饲料饲喂,防止后备种猪过肥影响种用价值。

断奶后的仔猪应立即选留后备母猪,喂以营养全面的优质日粮,才能使后备母猪发育良好,尽早受孕。有些初产母猪产仔少,哺乳期死亡率高,其原因不一定是妊娠期和哺乳期日粮有问题,往往是因为生长期间日粮有缺陷所致。如后备母猪生长期营养不良，即使育成后再饲喂优质日粮也难以哺育既多又壮的仔猪。因此，饲养后备期母猪与肥育猪的不同点是，既要防止生长过快过肥，又要防止生长过慢、发育不良。防止后备母猪生长过快和过慢的方法，主要是控制其营养水平。50kg 前的后备母猪可以与育肥猪喂量相同，50kg 后应少于育肥猪的饲喂量，使其降低生长速度。后备期母猪培育期与育肥猪日粮相比，应含较高的钙和磷，使其骨骼中矿物质沉积量达到最大，从而延长母猪的繁殖寿命。因此，饲养后备母猪，只有搞好饲料配合，掌握好饲养方法，才能保证母猪的正常发育，保持体形，提高受胎率、产仔率和育成率，延长繁殖寿命，获取更高的经济效益。

二、妊娠母猪营养与日粮配制

根据妊娠期的母猪体内生理规律及多年的研究证明，能量供给大致应保持在每日每头进食消化能范围为 20～27MJ/kg，根据我国妊娠母猪能量需要标准可按公式 "$378W^{0.75} + 25.67 \times$ 每猪日增重（g）" 计算。由于前期能量过高会增加母猪体脂含量，降低母猪泌乳期的采食量，推迟断奶到发情的间隔时间，能量过低会减少窝产仔数，所以前期就在此公式的基础上增加 10% 的能量；而妊娠后期是胎儿快速发育及母猪合成代谢旺盛的时期，所以在妊娠后期的能量就在前期的基础上再增加 50% 的消化能。

蛋白质需要由维持需要和妊娠需要两部分组成。维持需要的蛋白质为 50～60g/d，由于妊娠合成代谢的强度不同，前期和后期的蛋白质需要量也有所不同。根据胎儿及母猪体内的生理规律可估算前期、后期的粗蛋白需要量分别为：159～179g，213～236g。美国 NRC 标准（1998）规定妊娠母猪粗蛋白需要量为 218～253g/d，英国 ARC 标准（1981）规定粗蛋白需要量为 140g/d，而我国 2004 年标准规定，对于不同体重，即 120～150kg、150～180kg、180kg 以上的妊娠母猪粗蛋白需要量前期分别为：273、275 和 240g；妊娠后期分别为：364、364 和 360g/d。

粗纤维具有容积大，吸湿性强，使母猪有饱感，另外还有刺激消化道黏膜和促进胃肠蠕动的作用，所以为了保持妊娠母猪正常的消化功能，日粮中含有少量（10%~20%）的粗纤维亦是必要的。妊娠母猪由于人为限制活动，如果日粮粗纤维不足，则会使食物通过消化道的时间延长，不利于消化。试验证明妊娠母猪日粮中添加25%左右的优质草粉可保证良好的消化功能，同时高纤维日粮可提高窝产仔数、断奶仔猪数和断奶重。

妊娠母猪随着妊娠日龄的增加对钙、磷的需要量是逐渐增加的，尤其是妊娠后1/4期胎儿生长发育非常迅速，对钙、磷的需要也达到高峰。钙、磷是胎儿骨骼细胞的发育形成的重要元素，在此期一旦缺乏则会导致初生仔猪骨骼畸形，而母猪会动用体内的钙和磷，严重者导致产后瘫，损害母猪的繁殖寿命。美国 NRC（1998）推荐最低需要量为钙0.75%、磷0.6%，国内推荐量为0.61%和0.49%，然而一些国外资料推荐钙磷含量均高于 NRC 推荐量，分别为0.85%和0.7%。鉴于妊娠后期胎儿的迅速发育，建议配制妊娠母猪日粮时就适当提高妊娠后期的钙、磷含量。

母猪妊娠前期由于胎儿发育较慢，加之母猪对营养利用率高，所需营养不多，但要注意饲料营养的均衡性。妊娠后期，随着胎儿发育加快，营养需要也随之增加，此时营养水平决定着仔猪的初生体重。同时也是为了让母猪在体内蓄积一定的养分，待产后泌乳使用。因此，加强妊娠后期母猪的营养，是保证胎儿正常生长发育、提高仔猪初生重和母猪泌乳量的关键。一般饲养条件下，能量和蛋白质基本可满足胚胎发育的需要，不是极端不足不至于造成胚胎死亡，妊娠后期能量和蛋白质不足只是降低仔猪初生重和活力，一般不会导致胎儿死亡，但能量水平过高会增加胚胎死亡。妊娠母猪营养性流产、化胎、木乃伊、死胎、畸形仔猪，主要是妊娠期维生素和矿物质不足所致。如钙、磷不足时死胎增加，仔猪活力差；维生素 A 缺乏可引起胚胎死亡被吸收，产死胎、瞎眼、兔唇等畸形仔猪；核黄素和泛酸缺乏可引起胚胎或初生仔猪死亡。

三、哺乳母猪营养与日粮配制

为使仔猪在哺乳期间获得良好的成活率和较大的断奶重，应该努力提高母猪的泌乳量和奶水的质量，使仔猪吃得好。在哺乳期间给母猪提供充足的营养是为了获得最大的泌乳量、最大的仔猪增重和母猪以后良好的繁殖性能。

哺乳期间需要大量的能量，按照目前泌乳母猪日粮能量水平13.6MJ/kg和平均采食量5kg左右，母猪的能量摄入远不能满足产奶的需要，而必须动用体内的储备，这种能量相对缺乏在整个泌乳期都是存在的，添加脂肪是提高饲粮能量的有效措施，而且还可以增加脂肪酸的含量。特别是在夏季高温季节，添加脂肪尤为重要，可有效提高日粮能量水平，而且脂肪在代谢过程中产生的体增热较少。脂肪的适宜添加量为2%~3%，添加过多，饲料容易变质而且增加饲料的成本。

哺乳母猪对蛋白质的需求较高，粗蛋白含量可配到18%，蛋白原料应选择优质豆粕、膨化大豆或进口鱼粉等。鱼粉中的氨基酸和猪的理想氨基酸模式是最接近的，在哺乳母猪料中添加鱼粉可以使母猪更好地发挥泌乳性能。在所有氨基酸中，赖氨酸是哺乳母猪的第一限制性氨基酸。现在的高产体系母猪，产奶量增加，所需的赖氨酸含量也增加，NRC（1998）推介的赖氨酸水平0.6%远不能满足需求。试验表明，当赖氨酸水平从0.75%提高至0.9%时，随着赖氨酸摄入量的增加，每窝仔猪增重提高，母猪体重损失减少。所以新版NRC推介的赖氨酸需要量为0.97%。

夏季母猪日粮中添加一定量的维生素C（150~300mg/kg）可减缓高热应激症。钙、磷是骨骼的主要组成成分。钙磷比例恰当的钙含量为0.8%~1%，磷为0.7%~0.8%，有效磷0.45%。为提高植酸磷的吸收利用率，可在日粮中添加植酸酶。

实施"低妊娠、高泌乳"的营养供给。现代母猪都是瘦肉型且具有良好的生产性能，在体储备较少时便开始繁殖，妊娠期高饲养水平导致的两次转化不但不经济，而且妊娠期的饲料采食量增加会导致哺乳期的饲料采食量减少，从而较早开始动用体储备。限制妊娠期的饲料采食量将会减少泌乳期体重的损失，有助于延长母猪的繁殖寿命。

重视原料品质，控制杂粕用量。杂粕通常含有较高的抗营养因子和毒素，会损害母猪的健康。如棉籽饼粕不宜用于饲喂后备母猪、妊娠和哺乳母猪。

提高哺乳母猪泌乳量的营养措施。按照哺乳母猪的营养需要量配制并供给合理的日粮是提高母猪泌乳量的关键。在配制哺乳母猪饲粮时，除了保证适宜的能量和蛋白质水平，最好添加一定量的动物性饲料，如鱼粉等；还要保证矿物质和维生素的需要，否则母猪不仅泌乳量下降，还易发生瘫痪。应关注母猪饲料的消化率，消化率高才能够保证母猪泌乳期最大的采食量，大的采食量才有大的泌乳量和优质的乳汁，进而才能够保证乳猪的断奶窝重和成活率。

四、空怀母猪营养与日粮配制

如果哺乳期母猪饲养管理得当、无疾病，膘情也适中，大多数在断奶后1周内就可正常发情配种，但在实际生产中常会有多种因素造成断奶母猪不能及时发情，如有的母猪是因哺乳期奶少、带仔少、食欲好，贪睡，断奶时膘情过好；有的猪却因带仔多、哺乳期长、采食少、营养不良等，造成母猪断奶时失重过大，膘情过差。为促进断奶母猪尽快发情排卵，缩短断奶至发情时间间隔，则需生产中给予短期的饲喂调整。对于膘情较好的，断奶前几天仍分泌相当多乳汁的母猪，为防止断奶后母猪患乳房炎，促使断奶母猪干奶，则在母猪断奶前和断奶后各3d减少精料的饲喂量，可多补给一些青粗饲料。3d后视膘情仍过好的母猪，应继续减料，可日喂1.8~2.0kg精料，控制膘情，催其发情，对膘情一般的母猪则开始加料催情。对于断奶时膘情差的母猪，通常不会因饲喂问题发生乳房炎，所以在断奶前和断奶后几天不必减料饲喂，断奶后就可以开始适当加料催情，避免母猪因过瘦而推迟发情。给断奶空怀母猪的短期优饲催情，一方面要增加母猪的采食量，每日饲喂配合饲料2.2~3.5kg，日喂2~3次，潮拌生喂；另一方面是提高配合饲料营养水平，断奶空怀母猪生产营养需要推荐一般高于 NRC 的标准。

空怀母猪的饲料配方要根据母猪的体况灵活掌握，主要取决于哺乳期的饲养状况及断奶时母猪的体况，使母猪既不能太瘦也不能过肥，断奶后尽快发情配种，缩短发情时间间隔，从而发挥其最佳的生产性能。生产上，空怀期母猪的饲养通常作为哺乳期母猪饲养的延续。

第四节　仔猪无抗饲料配制技术

饲料工业是畜牧业发展的基础，饲料安全是动物性食品安全的根本保障，动物性食品的安全是关系到广大人民群众生命健康的重大问题，必须高度重视和加强饲料安全科学研究。提高饲料安全性，是一项长期艰巨的任务，除了坚决贯彻执行当前已有的法律和规章，还需依靠科技，加速饲料无抗理论的建立和无抗新产品的研制，从而确保食品安全。

一、无抗饲料配制关键技术

1. 安全法规的掌握

配制无抗饲料，首先要学习掌握相关的饲料法规（表4-1），只有在法规允许范围内配制的饲料才能称得上是真正的无抗饲料。相关政策法规列举如下。这些法律法规，是我们配制无抗饲料，确保饲料产品质量安全、食品安全和饲料工业健康的基石。

表4-1　饲料相关安全法规

序号	法规名称	文号
1	中华人民共和国农业农村部公告 第194 号	第 194 号
2	饲料和饲料添加剂管理条例	中华人民共和国国务院令第 609 号
3	饲料和饲料添加剂生产许可管理办法	中华人民共和国农业部令 2012 年第 3 号

（续表）

序号	法规名称	文号
4	新饲料和新饲料添加剂管理办法	中华人民共和国农业部令 2012 年第 4 号
5	饲料添加剂和添加剂预混合饲料产品批准文号管理办法	中华人民共和国农业部令 2012 年第 5 号
6	进口饲料和饲料添加剂登记管理办法	中华人民共和国农业部令 2000 年的 38 号发布，2004 年第 38 号修订
7	进出口饲料和饲料添加剂检验检疫监督管理办法	国家质量监督检验检疫总局第 118 号令
8	《饲料生产企业许可条件》和《混合型饲料添加剂生产企业许可条件》	中华人民共和国农业部公告第 1849 号
9	《饲料添加剂生产许可申报材料要求》《混合型饲料添加剂生产许可申报材料要求》《添加剂预混合饲料生产许可申报材料要求》《浓缩饲料、配合饲料、精料补充料生产许可申报材料要求》和《单一饲料生产许可申报材料要求》	中华人民共和国农业部公告 第 1867 号
10	饲料原料目录	中华人民共和国农业部公告第 1773 号
11	《饲料添加剂安全使用规范》（氨基酸、维生素、微量元素和常量元素部分）	中华人民共和国农业部公告第 1224 号
12	饲料添加剂品种目录（2013）	中华人民共和国农业部公告第 2045 号　2014 年 7 月 24 日农业部公告第 2134 号
13	饲料标签	GB 10648
14	饲料卫生标准	GB 13078

2. 原料选择

饲料原料的质量和卫生指标控制是配制无抗饲料的关键点之一。在选择饲料原料时，应注意掌握以下几个原则。

①可靠性：选择来源稳定、质量稳定的原料，通过质检无疑虑的原料。

②高效性：注意选择消化代谢率高、营养变异小的原料。

③安全性：慎用动物性原料和抗营养因子原料，禁用有毒性原

料，坚决不用违禁药品或添加剂。控制抗生素的使用。

④经济性（资源性、可利用性）：要充分挖掘、利用本地饲料资源，尽可能利用本地区富余粮食及农副产品（如稻谷、小麦、麸皮、米糠、双低菜籽粕、棉仁粕等）。

3. 营养标准制定

配制无抗饲料，要根据不同动物种类、不同性别、不同生长阶段、不同生产目的营养需要，制定合适的营养标准，不盲目照抄、照搬 NRC 和 ARC 或其他标准，只能参考国际和中国的标准，结合实际情况，因时、因地制宜地制定先进实用的标准。既要考虑满足动物生产性能，也要考虑资源的可利用性、经济性（成本优化），又要考虑对环境的影响，更要考虑对人畜的健康保护。制定营养标准要遵循以下几个原则。

（1）能量优先原则：生物的代谢、合成产品首先需要能量，能量是影响畜禽生产力和生产成本的第一要素，正确供能是提高畜牧生产效率的关键。目前有很多养殖者和营养师盲目追求高蛋白含量，而不注重能量的提升，这样既浪费资源加大成本，又增加污染有害无益。

（2）理想蛋白质和可消化氨基酸原则：即各种氨基酸的最佳配比模式。理想蛋白质日粮（以可消化氨基酸含量为基础）可降低粗蛋白含量，减少氮的排放量。研究证明，用理想蛋白质和可消化氨基酸配制日粮可减少原料成本 5%~9%，提高饲料蛋白质利用率 10%~18%，降低猪饲料中蛋白质含量 1~3 个百分点，相应地减少了粪氮的排放量，极具推广应用价值。

（3）多养分平衡原则：注意养分的多样性、互补性，适当的能蛋比、钙磷比、各种微矿和维生素的平衡与充足供应。

（4）控制粗纤维含量：单胃动物饲料中粗纤维含量不宜过高，特别是猪饲料，除非采用特种酶制剂，否则不可不控制粗纤维含量。一般情况下乳仔猪粗纤维含量 3%~4%。

4. 配方设计

饲料配方设计的不合理，会使动物对饲料的消化吸收不完善，既浪费了宝贵的饲料资源，又造成环境污染。从营养学角度出发，基于平衡与可消化利用的原则，使饲料中的各种有效成分得以充分利用，实现各种物质排泄量的最低化是无抗饲料配制追求的目标。配方设计应做好以下几个方面的工作。

（1）不使用任何药物添加剂及其衍生物。在饲料中添加药物，对人类健康的危害极大，不仅制约了我国畜牧业的正常发展，畜产品的出口也受到严重影响。另外一些性质稳定的药物与化合物被排泄到环境中，造成环境污染。

（2）尽量降低日粮氮、磷含量。据研究，由于配方设计的不合理，饲料中70%~80%的蛋白质和大约70%的磷将排出体外，不仅造成营养物质浪费，同时造成 N、P 的污染。利用可利用氨基酸和理想蛋白质理论平衡日粮氨基酸，根据饲料酶的营养物质当量换算关系，建立体现酶制剂与营养物质之间关系的数学模型，降低日粮蛋白水平和总磷的含量，充分满足动物生长生产需要，提高饲料利用率。

（3）限制在畜禽日粮中高铜、高锌、高铁的应用。超量矿物盐添加，使矿物盐的排放呈直线上升，严重地破坏着人类的生存环境。同时使动物肝、肾中残留量显著增加，危害人体健康。仔猪（≤30kg）饲料中铜的安全限量：200mg/kg。饲料中锌的安全限量：150mg/kg，饲料中铁的安全限量：仔猪（断奶前）250mg/d·头。

（4）推行使用绿色饲料添加剂。采用无公害的、无毒副作用和药残的微生态制剂、酶制剂、中草药制剂、小肽等产品来改善动物的消化、吸收、利用及动物福利。

5. 抗生素替代品的应用

无抗饲料必须符合国家有关规定，绝对不能使用国家明令禁止的药物添加剂。

饲用抗生素替代品应具备以下几个要素。①在动物生产过程中无药物残留，不产生毒副作用，对动物生长不构成危害，其动物产品对人类健康无害；②动物的排泄物对环境没有污染；③经有关主管部门认定和被消费者广泛公认。

选择必要的同类或异类替代物，剔除一些不安全因素，科学合理地使用饲料添加剂，有助于饲料的安全环保。例如，甜菜碱、蛋氨酸部分替代无机物；氨基酸螯合物替代常量矿物质；益生素与低聚寡糖类的协同作用替代抗生素等。同时，要遵循有效、限量、降低成本的原则。任何饲料添加剂都作用着和影响着动物的消化吸收与生长发育，过量使用会增加饲料成本，造成不必要的浪费，导致动物中毒，污染环境；用量不足，则影响饲养效果。还要兼顾同类物质中不可替代原则，例如，脂溶性维生素决不能替代水溶性维生素，氨基酸不能替代微量元素等。饲料日粮中的要素因子一个都不能少。

6. 日粮的酸化问题

仔猪消化道酸碱度（pH）对日粮蛋白质消化十分重要，这是因为蛋白消化酶需在合适的 pH 环境中被激活参与消化活动，同时胃内pH 对控制进入消化道微生物的繁殖起着不可忽视的作用。

幼猪胃内酸度随年龄增长而提高，同时受饲料刺激盐酸分泌增加（见本文胃内酸度变化一节）。刚断奶的仔猪胃内 pH 升高。这固然与胃内盐酸分泌量低直接相关，但一个不容忽视的因素是食入日粮对胃酸的中和。研究表明，当仔猪日粮酸结合力达 750mEq 或以上时，有利于大肠杆菌的繁殖。

研究表明，在 3~4 周龄断奶仔猪玉米—豆粕型日粮中添加有机酸，可明显提高仔猪的日增重和饲料的转化率。已知有机酸中效果确切的有柠檬酸、富马酸（延胡索酸）和丙酸。在日粮中的添加量依断奶日龄而定。4 周龄断奶猪日粮中添加量一般为 1.0% ~ 1.5%，3 周龄断奶猪则为 1.5% ~ 2%。饲喂酸化日粮效果最明显是在断奶后 0~14d。因为仔猪在断奶 2 周后，胃部已经能够产生足够的盐酸。酸化日粮的优势随仔猪日龄增长还会继续存在一段时间，但其经济效益幅度迅速下降。

7. 通过营养措施减少营养性下痢

仔猪断奶后下痢的发病机理较复杂，有单一因素也有多因素联合作用发病，涉及饲料和饲养管理、环境和遗传等方面。但总的来说，断奶后的下痢可分成两大类：一是消化不良引起，二是病原微生物导致。

消化不良引起的下痢发病率与断奶日龄有密切联系。断奶越早，发病率越高，这明显与消化器官的发育状况有关。其发病机理可用下式反应链表示：食物在胃内消化不好——造成小肠内消化吸收不良——大量未充分消化食糜涌入大肠——大肠微生物发酵增加——挥发性脂肪酸浓度上升——大肠内渗透压上升，水进入大肠——下痢发生。可见，肠内消化不良的连锁反应的结果是下痢。但此下痢是由大肠内挥发性脂肪酸（VFA）浓度升高造成渗透压上升所致。为此，使用抗生素可阻止大肠内的发酵作用而减少 VFA 的生成，从而阻止下痢。但是，无抗日粮是不能添加饲用抗生素的，并且抗生素不能改善因肠道发育不全造成的消化不良，因此也不能有效促进断奶仔猪的生产性能。欲解决上述问题，唯一的办法是提高早期断奶仔猪日粮的可消化性和品质。

8. 适宜的日粮物理形态

给断奶仔猪饲喂高质量的日粮是从高消化率的母乳过渡到消化性较差的谷物日粮的关键。断奶日粮中养分消化率越高，就越少的底物进入肠道后段被有害菌发酵。因此，断奶日粮通常含有许多高消化率的养分。断奶日粮可以通过改变饲料的物理形态来提高养分消化率。制粒、液态饲喂和发酵液态饲喂是加工断奶日粮最常见的几种方法。

断奶日粮中谷物被粉碎成直径小于 $600\mu m$ 的颗粒同样也能提高养分消化率。相对于滚轴式粉碎机，锤片式粉碎机粉碎的断奶日粮能提高仔猪的生产性能。日粮的质感特性如硬度、脆性、咀嚼性和黏性也可能影响仔猪日粮的适口性。制粒能减少日粮尘埃、饲料浪费、饲料分离，并增加饲料容重。许多研究表明，比起粉料，颗粒饲料能提高仔猪增重和饲料转化率，因为提高了日粮的养分消化率和适口性，减少了吃料时间。比起大颗粒，较小颗粒的日粮可提高断奶仔猪生产性能，但不一定都是这种情况。据报道，比起更大或更小的颗粒，4mm 的颗粒能提高断奶仔猪的饲料利用率，不过生长速度不受颗粒大小的影响。但是，颗粒饲料可能通过增加仔猪采食量而提高断奶仔猪腹泻的发生率。颗粒饲料可能更快地通过肠道，因此会有更多的未消化养分进入大肠，从而增加有害菌的增殖。挤压膨化日粮能提高断奶仔猪饲料利用率，然而也有相反的报道。高温处理日粮对生产性能的影响很大程度上取决于饲料的组成成分，如果日粮中含有大量的高消化性成分，那么高温处理对提高养分消化率没有太大作用。因此，断奶日粮制粒通常比挤压膨化更有效，因为断奶日粮中含有大量的奶成分或动物蛋白。事实上，如果断奶日粮中含有奶成分或特殊蛋白源，高温处理可能对仔猪生产性能产生负面影响，因为很可能在加热过程中发生美拉德反应。

比起干料饲喂，液态日粮能让断奶仔猪更容易地从母乳过渡到固体饲料，因为液态饲料更适合断奶仔猪未发育成熟的消化系统。液态饲喂通常是将水和饲料按一定比例混合在一起，有时也会加入酸化剂使 pH 值维持在 3.5~4.5。液态饲喂能提高断奶仔猪绒毛高度、乳酸菌浓度和谷物日粮的营养价值，并且减少断奶应激。比起粉料，液态饲喂能提高断奶仔猪增重和饲料利用率。在丹麦进行的 10 个试验中，液态日粮比起相同的固态日粮平均能提高断奶仔猪日增重 12.3%，而美国的试验结果甚至是丹麦观察的正效应的 2 倍。有报道表明，饲喂液态日粮的仔猪在断奶后 14d 内比饲喂相同固态日粮的仔猪早 3.7d 到达目标体重。这些现象最可能的原因就是由于采食量的增加，使小肠有更健康和更完整的绒毛结构，不易被大肠杆菌感染。饲喂液态日粮的仔猪肠道内短链脂肪酸合成的增加和病菌活性的降低也可能导致生产性能的提高。

液态饲料在饲喂前可能通过发酵增加乳酸菌的浓度。发酵液态日粮能提高蛋白质的消化率和肠道内的发酵活性，具有类似于益生菌和有机酸的特性，因此比起固态日粮能显著提高断奶仔猪生产性能。一个丹麦的试验表明，发酵液态日粮比起未发酵的液态日粮能提高断奶仔猪增重 13.4%，比起固态日粮能提高 22.3%。然而，也有试验未观察到发酵液态日粮的有利影响，这可能由于发酵液态日粮增加了氨基酸，特别是赖氨酸的降解，同时如生物胺等发酵产物也可能影响日粮的适口性。因此，为了防止氨基酸在发酵过程中的损失，建议只将日粮中的谷物部分进行发酵。日粮中添加发酵副产物也能提高仔猪的生产性能和健康状况。发酵液态日粮和固态日粮混合饲喂比起单独饲喂固态日粮或发酵日粮对断奶仔猪更有利。同时饲喂一部分液态日粮和一部分固态日粮，液态日粮被破坏的风险降低，因为其能被更快地消耗。同时饲喂不含饲用抗生素的发酵液态日粮和固态日粮能达到断奶仔猪饲喂含有饲用抗生素的固态日粮的生产性能。总之，尽管目前很少有试验研究不含饲用抗生素情况下饲料形态对断奶仔猪生产性能的影响，但饲料形态的调控有利于仔猪生产性能的提高。特别是饲喂发酵液态日粮对肠道混乱有预防作用，同时也能像饲用抗生素一样提高生产性能。当不能使用液态日粮时，制粒则更有利于断奶仔猪，特别是谷物粉碎粒径在600μm的情况下。

二、哺乳仔猪无抗饲料配方

1. 哺乳仔猪人工乳配方（表4-2）

表4-2　哺乳仔猪人工乳配方

原料	含量（g 克）	营养素	含量（%）
牛乳（mL）	1 000.00	干物质	26.64
饲料奶粉	200.00	猪消化能（MJ/kg）	6.48
葡萄糖	20.00	粗蛋白质	6.75
		钙	0.36
		总磷	0.18
		食盐	0.00
		赖氨酸	0.37
合计	1 220.00		

2. 哺乳仔猪代乳品配方（表4-3）

表4-3　哺乳仔猪代乳品配方

原料	含量（%）	营养素	含量（%）
脱脂奶粉	40.00	干物质	90.51
小麦	35.00	猪消化能（MJ/kg）	15.09

（续表）

原料	含量（%）	营养素	含量（%）
葡萄糖	9.00	粗蛋白质	22.56
鱼粉（CP60%）*	5.00	钙	1.42
豆油	4.00	总磷	0.81
预混料	4.00	粗脂肪	5.01
豆粕	3.00	赖氨酸	1.69
合计	100.00		

*CP：粗蛋白质，下同

3. 哺乳仔猪无抗开食料配方（表4-4、表4-5）

表4-4 哺乳仔猪饲料配方（一）

原料	含量（%）	营养素	含量（%）
大豆蛋白粉	34.00	干物质	90.08
玉米	30.00	猪消化能（MJ/kg）	15.94
葡萄糖	30.00	粗蛋白质	21.60
预混料	4.00	钙	0.79
豆油	2.00	总磷	0.39
		食盐	0.35
		赖氨酸	1.64
合计	100.00		

表4-5 哺乳仔猪饲料配方（二）

原料	含量（%）	营养素	含量（%）
玉米	55.00	干物质	88.12
豆粕	23.00	猪消化能（MJ/kg）	14.28
乳清粉	7.50	粗蛋白质	22.40
鱼粉（CP60%）	5.00	钙	1.01
预混料	4.00	总磷	0.61

（续表）

原料	含量（%）	营养素	含量（%）
血粉	3.00	食盐	0.35
豆油	2.50	赖氨酸	1.54
合计	100.00		

三、断奶仔猪无抗饲料配方（表4-6、表4-7）

表4-6　断奶仔猪饲料配方（一）

原料	含量（%）	营养素	含量（%）
玉米	50.00	干物质	87.58
豆饼	32.00	猪消化能（MJ/kg）	13.60
麦麸	12.00	粗蛋白质	19.71
预混料	4.00	钙	0.73
豆油	2.00	总磷	0.51
		粗脂肪	6.08
		赖氨酸	1.07
合计	100.00		

表4-7　断奶仔猪饲料配方（二）

原料	含量（%）	营养素	含量（%）
玉米	57.00	干物质	87.60
麦麸	15.00	猪消化能（MJ/kg）	12.81
豆粕	8.00	粗蛋白质	20.44
鱼粉（CP67%）	6.00	钙	0.96
棉籽蛋白	5.00	总磷	0.71
啤酒酵母	5.00	粗脂肪	3.33
预混料	4.00	赖氨酸	1.15
合计	100.00		

第五节　低蛋白质日粮

降低饲喂无抗日粮的仔猪腹泻发生率的最重要的营养措施之一，是降低日粮的粗蛋白含量。断奶仔猪消化混乱最重要的因素是粗蛋白，通常其胃中盐酸的量很低，因此，在吃料时，胃中 pH 值会增加。断奶日粮中蛋白源成分如豆粕、鱼粉和奶粉等都有很高的缓冲能力，进一步导致胃中 pH 值的升高，不利于胃蛋白酶活性。因此，21 日龄断奶仔猪摄入的过量粗蛋白可能导致微生物发酵，同样的，饲喂不含抗生素的高蛋白日粮比起低蛋白日粮会增加肠道内的蛋白质发酵。含氮的未消化养分可能加速有毒含氮化合物如氨的生成，从而影响肠道健康。因此，饲喂低蛋白日粮比起高蛋白日粮能更好地耐受相关感染。比起高蛋白日粮，低蛋白日粮能减少腹泻的发生率和严重程度。一个丹麦的商业猪场试验表明，当不含抗生素的断奶日粮粗蛋白由 21% 降低至 18% 时，腹泻发生率降低了 25%。很明显，如果断奶日粮中饲用抗生素被去除，则带来的疾病耐受性降低能在断奶前期通过低蛋白日粮来缓解。但是，低蛋白日粮可能由于某些必需氨基酸水平低于最适生长所需而导致生产性能的下降。因此，低蛋白日粮必须补充某些晶体氨基酸来维持必需氨基酸的平衡和水平。通过这种方法将日粮粗蛋白由 21.2% 降低至 18.4% 不但不会影响生产性能，而且还降低了腹泻发生率。如果日粮中不含抗生素，则有必要将断奶前期日粮粗蛋白水平降低至 18% 以下，来避免肠道功能混乱。此种日粮则需补充 6 种晶体氨基酸（赖氨酸、蛋氨酸、苏氨酸、色氨酸、异亮氨酸和缬氨酸）来满足所有氨基酸的需要。晶体赖氨酸、蛋氨酸和苏氨酸相对价格便宜，广泛应用于饲料行业，但晶体色氨酸、异亮氨酸和缬氨酸则相对较贵，在商业条件下可能被限制使用。一种解决方法就是减少断奶日粮中所有氨基酸水平至需要量的 80%，这样就只需添加晶体赖氨酸、蛋氨酸和苏氨酸。通过这种方法，就有可能应用只含 15%~15.5% 的粗蛋白日粮，在断奶后立即使用此种日粮能有效降低腹泻发生率，同样也能应用于不含抗生素的断奶日粮中。然而，如果只含有15%的粗蛋白且不添加必需氨基酸至所需水平则可能降低日增重60~80g，但是仔猪如果腹泻，同样会降低生产性能。因为低蛋白氨基酸缺乏日粮使用时间相对较短（2~4周），所以几乎对这段时间的生产性能影响微乎其微。当断奶仔猪在采食低蛋白日粮度过断奶应激期（2周）后，只要采食正常水平的粗蛋白日粮就能通过补偿生长很快达到相应的生长速度和体重。如果日粮不添加抗生素，由于断奶后喂给低蛋白日粮的猪腹泻发生率较低，或许是减少仔猪断奶后腹泻的有效途径。低蛋白质日粮配方并不比常规日粮价格高，并且由于腹泻率降低，饲养成本还会降低。

因此，在养猪生产中配制低蛋白日粮已经相对成熟，但在实际应用过程中如何设计出安全、科学、合理的低蛋白日粮配方，还需要注意一些相关的技术问题。

一、以理想蛋白模式为基础优化氨基酸供给

低蛋白日粮配制的理论依据是理想蛋白比例。配制科学的低蛋白日粮应按照理想蛋白质模式的可消化氨基酸含量为基础，以添加合成氨基酸为主来保持日粮中主要必需氨基酸的平衡，这样才能使氨基酸的供给与猪氨基酸需要之间达到精确的统一。

1. 应以可消化氨基酸为指标确定必需氨基酸品种和顺次

最初，理想蛋白质模式是以日粮总氨基酸浓度表示，然而基于日粮蛋白质单个氨基酸的可利用率不同（一般认为消化率是衡量可利用率的最佳指标），并且为了消除饲料或内源带来的误差，氨基酸模式应以回肠末端真可消化氨基酸来表示。因此，以可消化氨基酸为指标确定必需氨基酸品种和顺次，比以总氨基酸为指标更准确、更适用。

2. 低蛋白日粮中的赖氨酸水平必须和高蛋白日粮中的赖氨酸水平一致，其他必需氨基酸和赖氨酸的比例要达到理想蛋白的标准

通常赖氨酸为猪的第一限制性氨基酸。氨基酸平衡的意义在于以第一限制性氨基酸为100，以其他氨基酸（主要是必需氨基酸）与第一限制性氨基酸的比值作为其他氨基酸的添加参考，是目前所称的理

想氨基酸模式，即猪低蛋白日粮中的赖氨酸水平必须和高蛋白日粮一致。同时其他必需氨基酸和赖氨酸的比例要达到理想蛋白的标准，才能保证动物的生产性能不受影响。如果降低粗蛋白的同时降低了日粮赖氨酸水平，将损害动物的生长。表4-8列出了猪不同生理阶段理想真可消化氨基酸模式。

表4-8 猪不同阶段理想真可消化氨基酸模式（%赖氨酸）

氨基酸	5~20kg	20~50kg	50~110kg
赖氨酸	100	100	100
苏氨酸	65	67	70
色氨酸	17	18	19
蛋氨酸+胱氨酸	60	62	65
异亮氨酸	60	60	60
缬氨酸	68	68	68
亮氨酸	100	100	100
苯丙氨酸+酪氨酸	95	95	95
精氨酸	42	36	30
组氨酸	32	32	32

资料来源：Baker（1997）

理想的猪低蛋白日粮，它的粗蛋白水平降低，但它的赖氨酸水平不降低，而且其他必需氨基酸和赖氨酸的比例需要保持在理想蛋白的水平，这是降低粗蛋白水平但不影响动物生长和生产性能的前提条件。

二、采用净能（NE）评价体系

采用NE体系配制猪低蛋白日粮才能更好地满足猪的实际生长需要。评价饲料的能量价值通常采用DE或ME体系，但DE或ME体系高估了高蛋白和高纤维日粮的有效能量值，同时低估了高脂肪和高纤维日粮的有效能量值。造成这些估测误差是因为DE体系没有考虑到将过量的蛋白质合成尿素而消耗的能量,而且也没考虑热增耗(HI);应用 ME 体系存在同样的问题,因为 ME 值都是从 DE 值计算而得。而 NE 体系考虑了热增耗以及排泄过量的氮而消耗的能量,能更准确地评价饲料的能量价值,在理论上不考虑饲料成分不同给饲料能量利用带来的差异,是唯一在相同基础上表达动物能量需要和日粮能量价值的体系,因而用 NE 体系配制低蛋白日粮能更准确地满足猪的能量需要。日粮净能不能进行常规测定,实际生产中可根据饲料中的化学成分和消化能或代谢能的回归关系估算净能值。表 4-9 列出了净能估测的几种公式。

表 4-9　净能估测公式

公式	R^2
$NE = 0.168 \times DE + 0.378 \times EE + 1.12 \times ST - 2.32 \times CP - 2.34 \times CF$	0.97
$NE = 0.167 \times DE + 3.85 \times EE + 1.15 \times ST - 2.18 \times CP - 2.08 \times ADF$	0.97
$NE = 0.175 \times ME + 3.13 \times EE + 0.885 \times ST - 1.60 \times CP - 2.32 \times CF$	0.97
$NE = 0.134 \times DE + 3.18 \times EE + 0.933 \times ST - 1.48 \times CP - 1.99 \times ADF$	0.97
$NE = 687.47 + 10.5 \times EE + 1.60 \times ST - 13.2 \times Ash - 4.81 \times (NDF - ADF) - 9.61 \times ADF$	0.93

注:NE 为净能,DE 为消化能,CP 为粗蛋白,CF 为粗纤维,ADF 为酸性洗涤纤维,NDF 为中性洗涤纤维,EE 为粗脂肪,Ash 为灰分,ST 为淀粉;能量单位为 kJ/kg、饲料化学成分单位均为百分比;上述公式均为干物质基础。资料来源:Noblet 等(1994)

三、选择适宜蛋白质/能量比

饲粮中的能量和蛋白质应保持适宜的比例,否则会影响营养物质利用效率并导致营养障碍。由于蛋白质的热增耗较高,蛋白质供给量高时,能量利用率就会下降。相反,如果蛋白质不能满足动物体最低需要,单纯提供能量供给,机体就会出现负氮平衡,能量利用率同样会下降。因此,为保证能量利用率的提高和避免日粮蛋白质的浪费,必须使饲粮的能量及蛋白质保持合理比例。由于赖氨酸是第一限制性氨基酸,因此,可以用赖氨酸/能量比(Lys/E)来定义能量蛋白比。猪日粮中能量蛋白比(或赖氨酸/能量比)的选择要考虑猪生长阶段、生理状况、环境条件以及饲料原料和经济效益等。一般情况下，15~30kg 阶段取得适宜生产性能的能量蛋白比为 80.08MJ/kg。

四、选择适宜的蛋白原料

断奶仔猪日粮中蛋白源的选择也很重要，因为过量的大豆蛋白会引起过敏反应。因此推荐在断奶前期使用动物蛋白，特别是喷雾干燥血浆蛋白粉能降低疾病和腹泻的发生率。综上所述，断奶仔猪日粮中过量的粗蛋白会导致仔猪腹泻和肠道混乱，但低蛋白日粮能在断奶前期改善上述问题。如果不使用抗生素，则有必要在断奶后 2~4 周降低日粮氨基酸水平至最适生长以下，这可能降低断奶前期的生产性能，但仔猪能通过下一阶段自由采食正常水平的日粮而获得补偿生长。

第六节　液体饲料

与固体日粮相比，液态饲料所引发的肠道问题更少。出现这一结果的原因可能是饲喂液态或发酵的液态日粮的猪胃内 pH 值下降。因此，致病菌的生长受到抑制或减少。液态饲料还可预防通常在饲喂干饲料的断奶后仔猪中观察到的肠道绒毛萎缩。有较为健康和完整小肠肠道绒毛结构的仔猪，对大肠杆菌的感染不太敏感，这反过来解释了为什么液态日粮会对仔猪健康和总体生产性能具有积极的影响。与饲喂固体日粮的仔猪相比，饲喂液态日粮的仔猪日增重平均增加 10%以上。仔猪饲喂液态或发酵的液态日粮，其小肠道内短链脂肪酸含量增多，同时有害微生物活性下降，进而提高了仔猪的生产性能。据报道，液态饲料在饲喂前进行发酵，会进一步降低仔猪患肠道疾病的风险。然而，全价料进行发酵会降低肉料比，这很可能是因为全价料中糖和游离氨基酸的发酵导致了日粮的营养不平衡。最近有研究报道，只发酵日粮中的碳源（如谷物）可提高所喂猪的平均日增重和肉料比。日粮中添加来自发酵行业，如啤酒厂、酒精厂或酶制剂厂的可溶性成分，可能会对猪的肠道和健康有积极的作用，不过目前还没有对这些产品的科学评价。

液体饲料广义上可以包括任何形式的液态饲料原料和产品，例如废糖蜜、液态油脂、液体蛋氨酸类似物、液体代乳品以及用于养猪的全价液体饲料。典型的液体饲料通常是指水与饲料的混合物或者食品工业液体副产品与常规饲料原料的混合物，干物质含量在20%~30%。如果水和饲料按照（1.5~4）：1的比例混合后即刻饲喂，或者发酵时间很短，称为液体饲料或非发酵饲料；如果饲料和水混合后经过足够长时间的发酵，已达到稳定状态，称为发酵液体饲料，通常包括自然发酵法和乳酸菌发酵法。用于生猪生产体系中的液体饲料通常是发酵液体饲料。

一、液体饲料的发展历史

1814年，Henderson首次倡导使用液体饲料，商业规模的液体饲料生产在美国始于1951年，是一个发展较快的领域。美国饲料工业协会所属液体饲料委员会每年召开一次行业会议。但是直到1976年，Smith第一次指出在饲喂之前，把饲料浸泡在水中一定的时间，谷物中自然带有的乳酸菌和酵母菌繁殖并生成乳酸、乙酸和乙醇，然后可减低饲料的pH值，这可能是发酵液体饲料的雏形。到20世纪六七十年代，悬浮技术得到应用，从而使液体饲料的生产具有更大的灵活性。近年来，国外液体饲料经过前些年的低落之后再次升温，逐渐受到营养学家和养殖企业的重视。然而，在我国液体饲料的加工利用还是一项新兴技术，其研究和生产也刚刚起步，人们对其有效性、重要性的认识尚不够深入。

二、液体饲料的应用特点

液体饲料可以利用人类食品工业的副产物来降低饲料成本。很多食品生产的液体副产品都在世界范围内用于猪饲料。在欧洲，回收食品工业的液体副产品作为猪营养原料尤其盛行，比如富含淀粉和糖的副产品：液态小麦淀粉、土豆蒸汽皮和奶酪乳清。据调查，欧盟至少30%的猪饲喂液体饲料，且大部分来源于奶业加工副产品。液体饲料还可以减少饲料在处置和饲喂过程中的粉尘损失，降低空气中的灰尘，从而改善猪舍环境和猪只健康。

通过液体饲料同时获取水和饲料，适口性很好，因此，仔猪不需要单独训练采食和饮水。饲喂液体饲料可以提高仔猪断奶后的采食量，同时，饲料的消化率也会提高。但应该注意每天的现实采食量估计，否则猪只会采食某种营养素过量，比如蛋白质。过量蛋白质会抑制饲料利用，最终导致干物质摄取受限或导致腹泻。

饲喂液体饲料，尤其是发酵液体饲料，对肠猪道健康有正向作用，能够减少沙门氏菌数量。此外，发酵液体饲料还可作为一种高性价比替代抗生素类促生长剂的饲喂策略。液体饲料能改变后肠道对色氨酸的微生物发酵，向利用粪臭素生成吲哚类产物转变，降低了粪臭素，提高了育肥猪背膘中吲哚类的沉积，因此可以降低公猪膻味。

但是液体饲料在应用过程中也存在其局限性。有研究者注意到液体饲料浪费比较高，可能与料槽设计有关。另外，虽然没有直接证据，但试验表明液态饲喂有时与肠道出血综合征、肠胃胀气和胃溃疡的发生相关。发酵过程还会造成饲料中的必需营养素损失，比如维生素和氨基酸。例如生物胺类，赖氨酸转化成尸胺，造成了猪氨基酸营养的不可逆损失，这就是有些研究人员提倡只是部分谷物发酵，而不是全饲料发酵的原因。

三、液体饲料在断奶仔猪上的应用

液体饲料能显著增加仔猪回肠和盲肠的菌群结构多样性，提高仔猪肠绒毛高度和吸收面积，改善仔猪肠道健康和生理功能。有研究表明，饲喂发酵谷物液体饲料使仔猪粪中大肠杆菌含量降低 84.9%，乳杆菌含量提高 145.9%，乳杆菌/大肠杆菌比值提高 10.3 倍，从而使仔猪在应对由各种因素引起的消化道微生态紊乱时具有更强的抵抗能力。

液体饲料能提高饲料适口性，改善仔猪生长性能。断奶后最初 3d 喂液体饲料的仔猪增重比喂干饲料仔猪几乎快 4 倍（248g/d vs 64g/d）。断奶仔猪饲喂液体饲料，采食量提高 10.45%~20.05%，增重速度提高 7.75% ~ 13.61%。然而随着仔猪日龄的增长，喂液体饲料仔猪和喂干饲料仔猪之间平均日增重的差别很快减小。因此，液体饲料对于断奶初期的仔猪作用效果更明显。

四、液体饲料在母猪上的应用

液体饲料可以促使怀孕母猪产生饱感；可以提高哺乳母猪的干物质采食量，提高生产性能。发酵液体饲料还可以通过改善母猪肠道健康而提高仔猪健康水平。母猪饲喂发酵液体饲料，肠道和粪便大肠杆菌数量明显减少，有助于减少仔猪生存环境中的大肠杆菌数量，增强哺乳仔猪体质。发酵液体饲料能提高母猪小肠黏膜上皮细胞（IEC-6）和血淋巴细胞的促有丝分裂活性，可以提高母猪初乳促生长和免疫活性物质含量。饲喂发酵液体饲料母猪所产仔猪粪便乳酸菌数量显著提高，大肠杆菌数量显著降低。

第七节　生物饲料

生物饲料的实质可以看作活菌制剂和发酵底物的复合物。是以植物性农副产品为主要原料（底物），通过微生物的代谢作用，降解部分多糖、蛋白质和脂肪等大分子物质，生成有机酸、可溶性多肽等小分子物质，形成营养丰富、适口性好、活菌含量高的微生物发酵饲料。这种饲料的 pH 值比较低，基本不含大肠杆菌、沙门氏菌和金黄色葡萄球菌等有害菌，对动物肠道的微生态健康有积极的保护作用。

一、生物饲料的基本原则

1. 合作原则

在自然界中，微生物的纯种培养几乎是不存在的。无论是一把泥土、一滴水还是一粒动物食糜，都是含有多种微生物的组合体。如同人类社会一样，微生物之间也存在着相互依赖、相互协作关系，它们之间有着很高的合作效率。

2. 健康第一原则

动物消化道的微生物组成（或者称为微生态区系）是生物长期进化的结果，是与环境相对应的平衡体系。这种体系是确保动物在对应的生存环境下具有尽可能高的健康水平，其次才考虑其生长繁殖能力。

3. 平衡原则

动物处于自由健康状态时，它的微生物区系是一种近乎完美的平衡，我们人类是不可能创造优于这种平衡（包括激素、能量和蛋白等代谢系统的协调）的区系。但是当区系处于失衡或者动物处于亚健康状态时，我们可以通过某些措施帮助它们恢复失去的平衡。

4. 恢复微生态平衡的方法

（1）患病动物的消化道中，一定有某一种或者几种微生物的数量很少，同时可能有一种或者几种微生物的数量特别多。我们可以采用添加所缺乏的微生物以补充其不足，这类微生物即有益菌。也可以用药物杀灭的办法减少多余的微生物，这类微生物即有害菌。

（2）微生物的组成比例有相应的弹性，只要不超过这个弹性，表现出来的症状都是健康的。一般来说，弹性越大，对环境的适应能力也越强。

二、生物饲料生产菌种的筛选

生物饲料的生产菌种有很多，主要有以下 3 个类：乳酸菌、芽孢菌和酵母菌。

1. 乳酸菌

目前生产中使用的乳酸菌至少有 30 多种。按乳酸代谢途径，大致可以归纳为 4 种类型：同型乳酸发酵、专性异型乳酸发酵、兼性乳酸发酵和双歧杆菌异型乳酸发酵。

2. 芽孢菌

目前在生产中应用的有近 10 种，以杆菌为主，主要为以下 3 种：地衣芽孢杆菌、枯草芽孢杆菌和蜡样芽孢杆菌。芽孢杆菌能耐受高温，在有氧和无氧条件下都能存活。在营养缺乏、干旱等条件下形成芽孢，在条件适宜时又可以重新萌发成营养体。利用芽孢杆菌发酵饲料的目的主要是为了消耗培养体系中残留的氧气，为乳酸菌创造一个厌氧环境。另外，近年来的研究还发现，有些芽孢杆菌能产生杀灭大肠杆菌和沙门氏菌等有害微生物的细菌素（也称抗菌肽），这些抗菌物质有很强的针对性，只对某些类型的微生物细胞有破坏作用，对酵母菌和乳酸菌没有影响。

3. 酵母菌

目前在生产中应用的有 20 多种酵母菌，主要为酿酒酵母、热带假丝酵母、产朊假丝酵母。啤酒酵母和面包酵母是最常用的酿酒酵母。热带假丝酵母和产朊假丝酵母的生长速度很快，在适宜的温度和营养条件下，它们的世代倍增时间不超过 3h，特别适合处理食品加工产生的废水。

三、生物饲料的生产

1. 活菌制剂的纯培养技术

目前流行的微生物活菌制剂基本都是采用纯培养生产的，其典型的工艺流程如下：原料→消毒→冷却→接种→培养→干燥→包装。

原料需要消毒，成品需要干燥。另外，在发酵过程中需要严格控制空气的流通和发酵热的释放，操作控制很烦琐，生产成本很高，至少需要 10 元/kg 以上，大比例使用很困难。

事实上在自然界中微生物基本都是群体增殖，纯培养反而是极端情况，只要环境条件控制得当，就可降低成本。调节环境条件，还可以使微生物的平衡组成向着我们所希望的位点或者区域移动。

2. 固态好氧发酵生产蛋白原料

这种技术充分利用了微生物的相互作用（同生、互惠同生、共生等多种关系），原料不需要严格消毒就可以直接用于接种培养，简化了生产工艺，降低了生产成本。接种的微生物主要是热带假丝酵母，这种酵母生长繁殖速度很快，代谢旺盛，能高效地把农副产品转化成菌体物质。但是固态好氧发酵存在以下几个问题。一是发酵成品需要干燥，否则容易腐败变质。二是机械化程度较低，需要较多的人工用于物料的翻拌、散热等烦琐的操作。三是呼吸损失大，干物质损失达到10%以上。四是能耗高，需要良好的通风。

3. 固态厌氧发酵生产高活菌生物饲料

与好氧发酵相比，厌氧发酵具有以下优点：呼吸消耗很小，一般不超过1.0%，代谢产物主要是有机酸和二氧化碳，有利于保存物料营养；发酵过程散热量较小，操作容易控制；设备投资少，生产成本低，容易推广。

（1）传统的固态厌氧发酵。

生物饲料厌氧发酵饲料生产方式很多，比较常见的是养殖户用酵母菌和乳酸菌接种饲料，装入密封的包装袋，袋口用绳扎紧，饲料的含水量为30%~40%。在夏季，发酵3~5d就有明显的酸香味。在冬季，需要适当延长发酵时间。饲养员主要根据排出的酸香味来判定发酵的成熟度。

传统发酵饲料的优点：如果环境温度适宜，时间控制得当，采用袋装式"土办法"发酵，也可以获得质量很好的微生物发酵饲料；在生猪配合饲料中添加15%~20%，采食量能明显提高，最多能提高10%以上，增重速度和健康水平也有显著提高。传统厌氧发酵存在的问题：如果环境温度长期低于12℃，发酵很可能失败，酵母在低温下长期代谢低迷，耗氧速度很慢，物料中的氧气能长时间与乳酸菌接触，导致乳酸菌活力大减，繁殖很慢，甚至死亡；我们不能很好地确定产气结束和发酵结束的时间，同时又要求发酵成熟以后需要尽早使用，否则就有霉变的可能；产品基本不能流通。

（2）理想的生物饲料。

理想的生物饲料应该具有以下特征：一是发酵过程基本不受环境温度限制；二是产品质量不受存放时间限制，或者保质期能达到3个月以上；三是产品储存和运输过程中不受外界空气干扰。

如何进行理想生物饲料的生产？泡菜发酵的启示。泡菜发酵是典型的理想厌氧固态发酵。原料不需要严格消毒，只需要简单清洗就可以。发酵过程没有必要进行温度和气流控制，长期存放对成品质量没有影响。泡菜发酵用顶部的水封控制外界气体进入，内部产生的气体可以通过水封排出以消除压差。

如何模仿泡菜发酵？将发酵活菌制剂，按发酵前饲料放 100g/t，菌体生长促进剂 900g，一同投入 25kg，20~30℃营养液中，保温 40~50min。再将 25kg 发酵液投入到 300kg 调配液中，搅拌后再与 1t 饲料原料一同送入卧式搅拌机连续搅拌均匀，装入特制的包装袋内封严，在库房中堆放一段时间即可以使用。该技术最主要的特征是包装袋上附加一个可以调节气压的硅胶膜。物料在发酵过程中产生二氧化碳，内部产生正压，当气压达到设定值，呼吸阀开放，以减少压差。低于设定压力，呼吸阀自动关闭。目前本技术已经在国内 20 多家饲料生产企业得到了推广应用，在配合饲料中添加 5%就可以显著提高生猪的健康水平。

（3）液态生物饲料。

液态生物饲料是近年来发展起来的一种新型高活菌清洁饲料，目前在欧盟少数猪场使用，在我国还刚处于起步研究阶段。其主要特征：一是饲料呈液态，采用管道输送，现发酵现喂；二是成熟饲料中含有大量活性乳酸菌；三是可以减少劳动强度，同时还可以避免颗粒饲料的高温挤压所造成的活菌损失；四是猪舍清洁卫生，粉尘明显减少，猪的呼吸道疾病也显著降低；五是设备投资大，技术要求高，所有管道都是高质量的不锈钢。

第五章　仔猪肠道健康调控新策略

动物肠道不仅是消化吸收的主要器官，也是动物与环境之间最大的屏障。肠道健康关系着动物整体健康和生产效率的高低，动物肠道健康对于提高营养物质消化吸收效率和生产性能、维持正常肠道屏障功能和机体健康均具有重要意义。动物肠道健康受到诸多因素的影响，其中营养在调控肠道健康中起着重要作用。

肠道健康包括两个方面，一方面是肠道微生物平衡，肠道中寄生着10倍机体体细胞以上的微生物，大致分为3类：有益菌（参与消化吸收、合成有益物质）、有害菌（产生毒素、降低免疫力、危害健康）和中性菌（免疫力好时无影响、免疫力差时致病）。在正常状态下，3种微生物数量相当，友好相处，而当机体受到病原微生物感染、应激或食入霉菌毒素等有害物质时，微生物平衡被打破，致病菌数量大大增加，有益菌数量减少。若饲料中有抗生素存在，抗生素则会抑制致病菌的增加，而在无抗条件下，动物就会出现腹泻、养分被致病菌剥夺，生长速度变慢，免疫系统被破坏。由此可见，饲料中添加抑菌物质、保障饲料品质及改善饲养环境对维护无抗饲养条件下动物肠道菌群平衡的重要性。另一方面是指肠道屏障结构的完整性，包括机械屏障、化学屏障、免疫屏障和生物屏障，肠道屏障不仅是动物消化吸收营养物质的主要场所，也是机体防御肠腔内病原菌、毒素等有害物质入侵的重要防线，当肠道屏障功能受损时，细菌毒素、饲料抗原因子等则会穿过肠道上皮细胞，引发肠道炎症。肠道结构修复也需要适当的营养物质，如一些功能性氨基酸、短链脂肪酸、益生菌等。

第一节　益生菌

在食品中加入某些活的微生物早已被证明对人类健康有积极的影响，这一方法已拓展到畜牧生产领域，且已涉及许多微生物菌种，特别是乳酸菌、芽孢杆菌和酿酒酵母菌等。由于微生物耐药性问题的出现，同时自禁止在动物生产中使用抗生素后，益生素被认为是一种可减少病原菌感染并可提高猪，尤其是断奶期间仔猪的健康。在评价益生菌功效时，必须考虑所用的特定菌株和治疗猪对应的生长阶段。养猪场的微生物应用条件对其发挥正常功效很可能是至关重要的。

一、益生菌的概念

"益生菌"最早起源于希腊文，其意思为"profile，有利于生命"。1899 年，法国 Tissier 博士发现第一株菌种双歧因子。1908 年，俄国诺贝尔奖获得者 Metchnikof 指出，乳酸菌可消除或代替肠道黏膜的有害微生物而促进身体健康。1989 年，Fuller（1989）将益生菌定义为能够改善肠道微生物平衡，而对动物产生有利影响的活的微生物制剂。随着科学研究的深入，益生菌的研究不断发展，其概念全面描述如下：它是指在微生态学理论指导下，将从动物体内分离得到的有益微生物通过特殊工艺制成的只含活菌或者包含菌体及其代谢产物的活菌制剂，能改善动物胃肠道微生物生态平衡，有益于动物健康和生产性能发挥的一类微生物添加剂。微生态制剂以其独特的作用机理和无毒、无残留、无耐药性、减少环境污染等优点得到广泛关注。

二、益生菌的种类

目前微生态制剂的微生物（益生菌）的种类很多。2013 年我国农业部公示的《饲料添加剂品种目录》（第 2045 号文）中允许添加的饲用微生物主要有地衣芽孢杆菌、枯草芽孢杆菌、两歧双歧杆菌、粪肠球菌、屎肠球菌、乳酸肠球菌、嗜酸乳杆菌、产朊假丝酵母、酿酒酵母、沼泽红假单胞菌等 34 种（表 5-1）。概括起来主要有：乳酸杆菌、芽孢杆菌、酵母和霉菌。用于养猪的菌种主要有两类：一类是乳酸菌，可以将单糖特别是乳糖转化为乳酸，从而降低肠道 pH 值，抑制大肠杆菌等病原菌；另一类是芽孢杆菌属，可以在不利环境中形成芽孢，将自己保护起来，环境适宜时复活率高，进入肠道后的主要作用是将淀粉转化为单糖，单糖再由其他菌转化为乳酸，从而间接降低肠道 pH 值，抑制病原菌。

表 5-1   农业部第 2014 号公告饲料级微生物添加剂

菌种	适用范围
地衣芽孢杆菌、枯草芽孢杆菌、两歧双歧杆菌、粪肠球菌、屎肠球菌、乳酸肠球菌、嗜酸乳杆菌、干酪乳杆菌、德式乳杆菌乳酸亚种（原名：乳酸乳杆菌）、植物乳杆菌、乳酸片球菌、戊糖片球菌、产朊假丝酵母、酿酒酵母、沼泽红假单胞菌、婴儿双歧杆菌、长双歧杆菌、短双歧杆菌、青春双歧杆菌、嗜热链球菌、罗伊氏乳杆菌、动物双歧杆菌、黑曲霉、米曲霉、迟缓芽孢杆菌、短小芽孢杆菌、纤维二糖乳杆菌、发酵乳杆菌、德氏乳杆菌保加利亚亚种（原名：保加利亚乳杆菌）	养殖动物
产丙酸丙酸杆菌、布氏乳杆菌	青贮饲料、牛饲料
副干酪乳杆菌	青贮饲料
凝结芽孢杆菌	肉鸡、生长育肥猪和水产养殖动物
侧孢短芽孢杆菌（原名：侧孢芽孢杆菌）	肉鸡、肉鸭、猪、虾

1. 乳酸菌

乳酸杆菌属是动物肠道的正常定居者。此类菌制剂种类繁多，应用最早、最广泛。目前应用的有嗜酸乳杆菌、双歧乳杆菌和肠球菌。

乳酸菌的特点为：一是多种动物消化道主要的共生菌，能形成正常菌群；二是在微需氧或者厌氧条件下产生乳酸；三是有较强的耐酸性；四是产生一种细菌素，能有效抑制葡萄球菌的生长。乳酸菌的缺点是耐酸能力差，65~75℃条件下死亡，饲料颗粒化过程中瞬间高温即可将其杀死而失效。

乳酸菌能够分解糖类以产生乳酸，乳酸为其主要代谢产物。乳酸菌厌氧或兼性厌氧生长，在 pH 值 3.0~4.5 酸性条件下仍能够生存。

它在动物肠道中将单糖，特别是乳糖转化为乳酸，从而降低肠道 pH 值，防止外来菌在肠道的定植，抑制大肠杆菌、沙门氏菌等病原菌的生长，并且最终抑制乳酸菌自身的生长。乳酸菌亦可通过调节肠道 pH 值，以激活胃蛋白酶、促进胃肠蠕动，帮助食物的消化、吸收，减轻胀气和促进肝脏功能等。乳酸菌通过竞争性排斥作用（竞争结合位点）抑制病原菌的生长。乳酸菌还可刺激免疫，提高机体免疫力，提高肠组织对细菌侵袭的抵抗能力。一些乳酸杆菌能中和某些毒素，如保加利亚乳酸杆菌能中和大肠杆菌毒素，但确切机制尚不清楚。乳酸杆菌自身还可以产生一些消化酶如蔗糖酶、乳糖酶和肽酶等，有助于提高动物消化功能。此外，乳酸杆菌还能通过增加表面积提高小肠的消化功能。动物处在应激（如出生、断奶、日粮变化、肠道 pH 值异常升高）期间，总的变化趋势是病原菌增多，乳酸杆菌数量减少。在肠道内投放乳酸菌群可使 pH 变得稳定。

2. 芽孢杆菌

芽孢杆菌是以芽孢形式存在，其对动物能否发挥益生作用，主要取决于其是否能在动物消化道前部萌发成具有代谢活性的"营养型"细胞。研究表明，芽孢杆菌能够在动物消化道增殖，但似乎不能定植。饲喂蜡样芽孢杆菌孢子后，在仔猪胃中能够回收 10% 的孢子，并且能够在肠道中萌发，但是不能在肠道中定植。芽孢杆菌在肠道中存在时间短，但发现孢子可在空肠和回肠中大量萌发。

芽孢杆菌为需氧菌，进入动物肠道内，可消耗游离氧，造成厌氧环境，降低氧化还原电势，可减少大肠杆菌等需氧菌对肠道的定植，有利于乳酸杆菌和双歧杆菌等厌氧菌的生长，增加体内的有益菌而减少致病菌，保持肠道微生态系统平衡。正常情况下，猪肠道内优势菌为厌氧菌（占 99% 以上），而需氧菌和兼氧菌只占 1%，比例为 1：100，大肠内比例为 1：1 000。纳豆芽孢杆菌能促进双歧杆菌、乳酸杆菌、拟杆菌和梭菌等厌氧菌的生长，抑制肠杆菌和肠球菌等需氧菌的生长。枯草芽孢杆菌 MA139 能显著抑制大肠杆菌 K88 和鼠伤寒沙门氏菌的增殖。

芽孢杆菌具有拮抗肠道病原细菌、维持和调整肠道微生态平衡作用。厌氧菌能够有秩序地在黏膜、皮肤等表面或细胞之间形成生物屏障，阻止病原菌的侵入，从而对致病菌的增殖产生抑制作用。纳豆芽孢杆菌能使肠道厌氧菌群中的双歧杆菌、乳酸杆菌、梭菌和拟杆菌数均有不同程度增多，肠杆菌、肠球菌等需氧菌群数量则明显减少，起到维持肠道微生物平衡的作用。

芽孢杆菌在胃肠道代谢产生一些肽类等的抗菌物质来抑制病原菌被认为是其发挥"益生"效果的一条重要机制。这些物质既包括细菌素类的物质，如枯草菌素（Subtilin）和凝结菌素（Coagulin），也有一些抗生素类的物质，如表面活性素（Surfactin）、伊枯草菌素 A（IturinsA）和杆菌溶素（Bacilysin）等。在医药中，枯草芽孢杆菌（*Bacillus subtilis*）被用来治疗幽门螺杆菌引起的胃溃疡；东洋芽孢杆菌（*bacillus Toyoi*）能很好地控制断奶仔猪的腹泻。

3. 酵母菌

酵母是有益菌，能通过有效竞争抑制病原菌的增殖，维持肠道菌群平衡，从而使仔猪获得更多的营养物质。研究表明，断奶仔猪饲粮中添加酿酒酵母发酵液 300mL/kg，能够提高平均日增重和平均日采食量，降低料肉比，提高十二指肠、空肠和回肠黏膜总蛋白、DNA 和 RNA 含量，十二指肠和回肠绒毛高度，十二指肠、空肠和回肠绒毛高度／隐窝深度以及黏膜的免疫球蛋白 A、免疫球蛋白 G、免疫球蛋白 M，十二指肠免疫基因 TLR-2mRNA 表达水平，十二指肠、空肠和回肠黏膜消化酶基因 ALP 和十二指肠免疫基因 TLR-2、IL-8、TNF-α 及回肠免疫基因 TNF-αmRNA 表达水平，说明酿酒酵母具有提高断奶仔猪生产性能、促进小肠发育、提高黏膜免疫功能的作用，从而缓解仔猪断奶应激。

4. 其他

除上述外，黑曲霉和米曲霉也可用于制备微生态制剂。此外还有非致病性大肠杆菌，非致病性大肠杆菌可以竞争性抑制致病性大肠杆菌与肠道黏膜受体的结合，进而减少致病性大肠杆菌与肠道黏膜受体的结合，促进动物的健康。

三、益生菌的筛选标准

具有益生功能的菌种需要具备的特性很多，益生菌的筛选标准主要包括以下几个方面：一是耐酸，以确保菌株通过胃和十二指肠后具有足够的存活率；二是耐胆盐，保证益生菌能够通过小肠上部；三是能够抵抗唾液分解酶和消化酶；四是产酸，在肠道上部形成有效的"酸屏障"；五是产生抗菌物质；六是通过纤毛黏附于细胞刷状缘；七是免疫调节；八是抵抗一定程度的热应激；九是能够抵抗饲料中的抗菌剂。

四、益生菌的作用机制与功能

首先，进入畜禽肠道的益生菌，能够与正常菌群会合，表现出共生、栖生、竞争和吞噬等复杂的关系。一方面益生菌可能是通过改变肠道微生物区系来实现的，主要是益生菌和有害菌聚集在一起，与其竞争黏膜上皮的受体和养分；另一方面益生菌能够释放出特别的物质（有机酸、细菌素、吡啶二羧酸等）来影响肠道细菌区系。其次，益生菌在动物消化道内生长、繁殖和活动，能直接产生多种营养物质，如维生素、氨基酸、短链脂肪酸、促生长因子等，参与动物体的新陈代谢，有的微生物在动物体内生长繁殖时能合成核黄素、泛酸、叶酸、VB_{12} 等 B 族维生素及维生素 K_2，参与机体某些重要的代谢反应。另外，可能存在的一种次要的机制（对于某些益生菌来说可能是主要机制），益生菌会改变上皮细胞的结构和功能，并影响免疫反应过程。

益生菌的主要功能有以下几点。

第一，维持肠道正常微生物菌群。益生菌作为畜禽肠道的优势菌，可弥补正常菌群的数量，抑制病原菌生长。添加益生菌可间接抑制或排斥有害菌在肠道内的繁殖和生存，调整肠道内失调的菌群关系，保持肠道菌群正常，使肠道处于最佳生理状态。

第二，改善新陈代谢，提高营养物质的消化和吸收。益生菌具有刺激微生物、修复胃肠道健康状态、提高饲料转化率的作用。益生菌提高饲料转换效率的机制包括改变肠道菌系、提高非致病兼性厌氧菌的生长和革兰氏阳性菌形成乳酸和过氧化氢、抑制肠道病原菌的生长、提高营养物质的消化和吸收。因此，应用益生菌可以提高生长率，降低死亡率，改进饲料转化率。

第三，提高免疫力，增强抗病力。通过摄入益生菌调控肠道微生物影响免疫反应。目前，益生菌调节免疫活性机制还不清楚。然而，研究表明益生菌刺激免疫系统细胞产生不同类型细胞因子，在诱导和调节免疫系统中起重要作用。

第四，净化环境，减少污染。益生菌在肠道中能够产生氨基氧化酶、氨基转移酶或分解硫化物的酶等有害物质利用酶，从而减少肠道中游离的氨（胺）及吲哚等有害物质，肠道内、粪便和血中氨的水平下降，排出体外的氨数量也减少。另外，粪中含有的大量活菌体可以继续利用剩余的氨，改善饲养环境（王连生等，2009）。

目前，关于益生菌在仔猪的应用研究较多，主要包括对生长性能、肠道菌群、腹泻及免疫性能等的影响（表5-2）。

表5-2　不同益生菌对断奶仔猪的作用及影响

益生菌	饲喂日期	作用影响	参考文献
Saccharomyces cerevisiae Pediococcus acudilactici	42d	改善饲料转化率；断奶后4周肠道 *E. coli* 数量降低；但是小肠组织形态学未受到影响	（Le Bon *et al.*，2010）
Lactic acid bacteria（LAB）	35d	增加采食量，提高日增重，改善饲料转化率；降低腹泻率；增加消化道乳酸菌的数量，减少 *E. coli* 的数量；增加肠道乳酸、乙酸的含量，对丙酸和丁酸没有影响	（Giang *et al.*，2010）
Bacillus cereus var. *toyoi*	35d	提高免疫力，增加免疫性细胞数量	（Schierack *et al.*，2007）
Lactobacilli complex	21d	增加采食量，提高日增重；提高表观消化率；提高血清特异性免疫球蛋白 IgG 的水平	（Yu *et al.*，2008）
Lactobacillus brevis	28d	降低空肠和回肠 *E. coli* 的数量；增加绒毛高度/隐窝深度的比值；改善仔猪免疫力	（Gebert *et al.*，2011）

（续表）

益生菌	饲喂日期	作用影响	参考文献
Lactobacillus plantar-um Lactobacillusreuteri	15d	增加仔猪粪便中乳酸菌的数量；降低粪便中大肠杆菌的数量	（De Angelis *et al.*, 2007）

五、益生菌的发展趋势及应用前景

关于益生菌在动物生产中应用的报道很多，从国内外的研究开发及使用情况看，益生菌的发展趋势主要包括以下几点。

第一，研究复合菌制剂，能够发挥协同作用，符合实际生态环境的要求。在不断研发新菌种的基础上，逐步转向复合菌的发展方向。

第二，益生菌与其他物质联用，制备益生菌的同时，尝试与益生素等物质联用，如：酸化剂、酶制剂、中草药等。既可以弥补日粮中营养成分的不足，又可以增强益生菌的作用，前景广阔。

第三，研发高稳定性制剂，益生菌在生产加工过程中，甚至在运输到销售过程中受到外界的温度、湿度、光照等环境因素的影响，导致益生菌的活菌数下降。此外，益生菌在饲喂进入动物胃肠道的过程中，受到胃肠道内胃酸、胃肠液及胆盐的影响，影响其作用的发挥。因此，需要研发高稳定性的制剂，使益生菌发挥其最大作用。这就意味着需要在优良菌株筛选、高活力菌剂的发酵工艺、菌体保护和增效剂选用等关键技术方面获得突破。

随着社会经济的发展，人民生活水平的不断提高，人们的安全和环保意识逐渐增强，益生菌作为绿色饲料添加剂克服了抗生素所带来的负面影响，越来越受到研究人员的重视。2006年，欧盟等国家禁止在动物饲料中添加抗生素，美国、韩国等也相继颁布法律禁止动物饲喂抗生素，而益生菌作为抗生素的替代品，其发展空间很大。益生菌的发展、开发和应用对我国养殖业的发展起到了积极的作用，其影响力将继续扩大。益生菌作为绿色环保产品也将成为人们所预言的那样：光辉的抗生素时代之后，将是一个崭新的微生态时代。

第二节 酶制剂

传统上，酶制剂在饲料和养殖中应用主要在两大领域：一是补充体内消化道酶的不足，直接提高日粮营养的消化利用；二是消除饲料中的抗营养因子，间接改善日粮营养的消化利用。这两大领域都是消化性作用，典型例子分别是蛋白酶等外源性消化酶和木聚糖酶等非淀粉多糖酶的应用，过去酶制剂饲料应用取得的成功也是基于这些方面的研究和认识。饲料酶制剂发展到现在，正面临新的突破和拓展。由于酶制剂在畜禽饲料中应用具有功能多元性的特性，使这种突破原有的两大领域的应用具有可能性。即使同样是营养领域，也有非消化的途径，例如，β-甘露聚糖酶也具有营养作用，但并不是以提高营养消化为手段的。而非营养性、非消化性酶制剂的应用也同样有广阔的应用前景，其中酶制剂在替代抗生素中的应用，特别是代替抗生素直接起杀菌、抑菌的作用方面，越来越显示其价值和意义。

随着酶工程技术的发展，酶的种类已发现有 5 000 余种。目前用作饲料添加剂的酶类有 13 种，主要包括淀粉酶（产自黑曲霉、解淀粉芽孢杆菌、地衣芽孢杆菌、枯草芽孢杆菌、长柄木霉、米曲霉、大麦芽、酸解支链淀粉芽孢杆菌），α-半乳糖苷酶（产自黑曲霉），纤维素酶（产自长柄木霉、黑曲霉、孤独腐质霉、绳状青霉），β-葡聚糖酶（产自黑曲霉、枯草芽孢杆菌、长柄木霉、绳状青霉、解淀粉芽孢杆菌、棘孢曲霉），葡萄糖氧化酶（产自特异青霉、黑曲霉），脂肪酶（产自黑曲霉、米曲霉），麦芽糖酶（产自枯草芽孢杆菌），β-甘露聚糖酶（产自迟缓芽孢杆菌、黑曲霉、长柄木霉），果胶酶（产自黑曲霉、棘孢曲霉），植酸酶（产自黑曲霉、米曲霉、长柄木霉、毕赤酵母），蛋白酶（产自黑曲霉、米曲霉、枯草芽孢杆菌、长柄木霉），角蛋白酶（产自地衣芽孢杆菌），木聚糖酶（产自米曲霉、孤独腐质霉、长柄木霉、枯草芽孢杆菌、绳状青霉、黑曲霉、毕赤酵母）。其中，猪日粮中常用的酶制剂有植酸酶、木聚糖酶和 β-葡聚糖酶等。

一、酶制剂的主要作用

由于仔猪日粮以植物源成分为主，其中含有多种抗营养因子，如植酸、非淀粉多糖等，它们会限制营养物质的利用。植物性饲料中磷元素的主要储存形式是与植酸结合成为植酸磷，几乎不能被单胃动物所吸收利用。非淀粉多糖也不能被单胃动物自身分泌的消化酶水解，在动物消化道中降低营养物质的消化利用，同时使代谢废物排出量增多，增大环境污染度。外源酶制剂的使用可以充分释放饲料中可利用养分，减少饲料资源的浪费，降低动物对环境的污染。饲用酶制剂主要有两方面的作用。

一是营养功能，主要是通过提高饲料原料中营养成分的释放率和消化率。由于动物自身不能分泌破坏植物细胞壁的酶（如纤维素酶、β-葡聚糖酶、木聚糖酶等），因此只能通过外添加的方式帮助动物消化、利用这些非淀粉多糖，以释放更多的养分供动物消化利用。酶制剂还可以降低不同来源、不同批次、不同原料营养价值的变异，尤其是降低能量价值的变异，从而提高饲料配方营养价值的稳定性。

二是健康作用，主要是通过破坏饲料原料中的抗营养成分、改善畜禽肠道消化吸收的理化环境来优化肠道的微生态环境。肠道中的微生物与食糜存在互作关系，通过改善畜禽对养分的消化吸收，使肠道后段食糜养分供应的数量与质量发生变化，可以改变肠道微生态环境的平衡。肠道的优化不仅可以降低动物的维持需要，还可提高肠道的健康水平以及对疾病的抵抗力。

二、酶制剂与无抗日粮配制

抗生素是微生物在新陈代谢中产生的，具有抑制其他微生物的生长和活动，甚至杀灭其他微生物性能的化学物质。饲用抗生素是指在健康动物饲料中添加的，以改善动物营养状况和促生长为目的，具有抗菌活性的微生物代谢产物。一般认为，抗生素的作用机制有如下几个方面：①对抗生长因子的抑制作用；②对肠壁组织结构的影响；③对肠道营养物质的消化代谢作用；④对肠道微生物的影响；⑤免疫调节作用。抗生素作为饲料添加剂的目的包括促生长作用和提高动物生产性能，以及抑菌抗病作用和提高动物成活率两个方面，两者既有不同又有关联。

无抗日粮配制的关键点是寻找高效的抗生素替代物，替代物一般分为两种：直接性替代物（起抗菌抑菌防病的功能）和间接性替代物（起促生长提高饲料效率的功能）。直接性替代酶产品有抑菌或杀菌作用酶制剂等，间接性替代产品包括促生长作用酶制剂等。

对酶制剂而言，这是基于酶制剂在畜禽饲料中功能的多元性，它们包括营养消化利用、肠道健康、生理和免疫调控、抗应激、脱毒解毒、抑菌杀菌、抗氧化等方面的功能。"促生长功能的酶制剂"一般包括：一是促进消化作用酶制剂，如蛋白质酶、淀粉酶、脂肪酶等；二是去除抗营养因子酶制剂，如木聚糖酶、β-葡聚糖酶、纤维素酶等；三是降低免疫反应酶制剂，如β-甘露聚糖酶等。饲料酶制剂最基本的领域是补充消化道类似酶的不足和消除抗营养因子，都是提高营养成分的消化率、改善营养消化利用最终提供更多可利用的营养。近年来出现了在原来两大领域之外应用的酶制剂，也就是不表现帮助消化和去除抗营养因子的酶制剂，其中有"抑菌或杀菌作用的酶制剂"，目前已经发现有如下酶制剂：葡萄糖氧化酶、溶菌酶、壳聚糖酶、过氧化氢酶等。

酶制剂在改进动物生产性能方面的研究已经很多，欧盟最先在饲料中禁止使用抗生素作为促生长剂迫使饲料企业努力寻找替代品，添加酶制剂成为首选之一。其中的考虑主要也是促生长功能的酶制剂，这也许与欧洲的养殖环境比较好有关，他们主要需要的是抗生素替代物的促生长作用，而不是抗菌抑菌功用。对我国而言，由于养殖环境条件比较差，特别是病原微生物大量存在的现实，在无抗日粮中的应用应该更多的是抑菌或杀菌作用的酶制剂。越来越多的研究试验表明，酶制剂在饲料中应用的另一个重要领域是非营养性的、以葡萄糖氧化酶为代表的"第三代分解型酶制剂"，通过非药物性机制和途径杀菌抑菌，起到改善动物消化道的微生态及理化环境的作用，从而提高动物的生产性能，这是一种潜力比较大的酶制剂，为饲料酶制剂在替代药物抗生素的健康养殖中开辟了一个新领域。

三、葡萄糖氧化酶

1. 葡糖糖氧化酶的基本特性

葡萄糖氧化酶（GOD）是一种需氧脱氢酶，系统命名为葡萄糖氧化还原酶，能专一地氧化分解 β-D-葡萄糖成为葡萄糖酸和过氧化氢，同时消耗大量的氧气。葡萄糖氧化酶通常与过氧化氢酶组成一个氧化还原酶系统，葡萄糖氧化酶反应的最初产物不是葡萄糖酸，而是中间产物 δ-葡萄糖酸内酯，δ-葡萄糖酸内酯以非酶促反应自发水解为葡萄糖酸。

早在 1904 年人们就发现了葡萄糖氧化酶，直到 1928 年，Muller 首先从黑曲霉的无细胞提取液中发现葡萄糖氧化酶，并研究了其催化机理，才正式将其命名为葡萄糖氧化酶，将其归入脱氢酶类。我国自 1986 年开始研究葡萄糖氧化酶的制备提纯工艺，1998 年正式投入生产，1999 年农业部将其定为可以使用的饲料酶制剂。产自特异青霉和黑曲霉的葡萄糖氧化酶已被列入农业部《饲料添加剂品种目录（2013）》第 4 大类酶制剂。

高纯度葡萄糖氧化酶分子质量为 150~152ku，为淡黄色粉末，易溶于水，不溶于有机溶剂。葡萄糖氧化酶在 pH 值为 4.0~8.0 具有很好的稳定性，最适 pH 值为 5。如果没有葡萄糖等保护剂的存在，pH 值大于 8 或小于 3 葡萄糖氧化酶将迅速失活。葡萄糖氧化酶作用温度为 30~60℃，固体葡萄糖氧化酶制剂在 0℃下保存至少稳定 2 年，在-15℃下则可稳定 8 年。

葡萄糖氧化酶有如下特点：一是动物体内消化道不分泌的酶；二是不水解或者分解抗营养因子；三是分解消耗营养成分（如葡萄糖）；四是非药物途径杀菌抑菌；五是产生有机酸而具有一定的酸化剂作用。葡萄糖氧化酶能够催化葡萄糖氧化分解，氧化分解造成两个结果：一是消耗环境中的氧；二是产生葡萄糖酸。这两个结果都对动物消化道内环境有重要意义。

2. 葡萄糖氧化酶在动物日粮中的作用

葡萄糖氧化酶主要是通过非营养、非消化方式改善消化道的内环境和微生态，葡萄糖氧化酶对肠道内环境的改善主要通过3个途径：一是通过氧化葡萄糖，生成葡萄糖酸，降低胃肠道内酸性；二是通过氧化反应消耗胃肠道内氧含量，营造厌氧环境，对需氧菌和兼性菌有抑制甚至杀灭的作用；三是反应产生一定量的过氧化氢，并通过过氧化氢的氧化能力进行广谱杀菌。其中因葡萄糖酸的产生，造成的酸性环境有利于以乳酸菌为代表的益生菌增殖；同时，因反应消耗氧气，使得厌氧环境提前，也利于以双歧杆菌为代表的厌氧益生菌增殖，进而营造出适合益生菌的增殖环境。进而通过过氧化氢的广谱杀菌性，使肠道内微生物数量有所下降，从而使得有益菌形成微生态竞争优势。当过氧化氢积累到一定浓度时，抑制杀灭细菌主要是对大肠杆菌、沙门氏菌、巴氏杆菌、葡萄球菌、弧菌等有害菌进行增殖抑制。可见其作用机理有别于抗生素，不易产生菌体耐药性或药物残留。

葡萄糖氧化酶在作用过程中消耗氧气，有助于增殖有益菌，抑制有害菌，达到维持肠道菌群平衡，保证动物健康。葡萄糖氧化酶形成的厌氧环境，在治疗畜禽生理性顽固腹泻时体现得较好。

葡萄糖酸能够到达大肠，刺激乳酸菌的生长，具有类似益生元的性质，在小肠中很少被吸收，但当它到达肠道后段时，能够被栖息的菌群所利用，生成丁酸。丁酸是一种短链脂肪酸，能快速被大肠黏膜吸收，为大肠上皮细胞提供能量，对刺激肠上皮细胞生长、促进钠和水吸收效率效果最好。

葡萄糖氧化酶具有抗氧化作用，能清除自由基，保护肠道上皮细胞完整。保持肠道上皮细胞的完整，可以阻挡大量病原体的侵入。畜禽处于应激状态时，机体会发生一系列氧化作用，产生大量的"自由基"，当产生的自由基超过机体自身的清除能力时，就会破坏肠道上皮细胞。同时，葡萄糖氧化酶催化葡萄糖生成葡萄糖酸，在肠道内发挥酸化剂的作用，创造酸性环境并且酸性肠道环境可减少有害菌繁殖，预防腹泻；降低胃中的 pH 值，激活胃蛋白酶，促进矿物质和维生素 A、维生素 D 的吸收。葡萄糖氧化酶进入胃肠道后，葡萄糖酸不断产生，从而使胃肠道 pH 值降低，偏酸的环境有利于各种消化酶保持活性，有助于饲料的消化。

此外，葡萄糖氧化酶直接抑制黄曲霉、黑根霉、青霉等多种霉菌，对黄曲霉毒素 B 中毒症有很好的预防效果。葡萄糖氧化酶的添加，可于胃肠道内在过氧化氢酶尚不存在时与葡萄糖反应，生成一定量的过氧化氢，从而使如黄曲霉毒素这种具备氧杂萘邻酮基团的霉菌毒素被氧化脱氢，或通过氧化作用打开其呋喃环，进而发挥脱毒作用，解除饲料中真菌毒素的危害。

在油脂饲料原料或者含有油脂比较多的饲料产品中添加葡萄糖氧化酶，可消耗其中的氧气，抵制微生物的生长，防止油脂酸败变质。

葡萄糖氧化酶不仅能够与抗生素等抗菌药物配伍，还有协同药物提高疗效的作用，能够耐受制粒高温，葡萄糖氧化酶不仅能够部分代替抗菌药物，在没有完全限制抗生素使用的情况下，葡萄糖氧化酶与抗生素及其他药物的配伍使用，可以起到一个渐进过程，为配方技术的探索和累积提供了可能，防止细菌性疾病对养殖的影响。

3. 葡萄糖氧化酶在养殖中的应用

葡萄糖氧化酶是一种条件性饲料添加剂，在养殖条件差，特别是病原性微生物细菌大量存在的情况下，更容易体现其使用效果。而且添加葡萄糖氧化酶的作用效果有可能表现在不同的生产性能。有些并不完全是增重和饲料报酬，但是可以控制腹泻，改善外观。仔猪饲粮中添加 0.05% 的饲用葡萄糖氧化酶（45U/g），日增重显著提高 7.03%，料肉比显著降低 2.75%。添加 0.5% 的葡萄糖氧化酶日粮，仔猪平均日增重显著提高 25%；仔猪料肉比下降 17.2%；仔猪腹泻率下降 56%；仔猪成活率提高 7.4%。添加葡萄糖氧化酶可明显提高饲料转化效率和仔猪成活率，明显降低仔猪腹泻率。

必须指出，应用葡萄糖氧化酶如其他酶制剂一样，不要过高期望其促进增重的作用效果，这是一种非常典型的条件性添加剂。但是，由于葡萄糖氧化酶通过防止需氧菌的生长繁殖、保护肠道上皮细胞完整、改善胃肠道酸性消化环境等发挥作用，在畜禽中应用的效果必然是多方面的，评价也应该是多种形式的。提高动物的生产性能和改善饲料利用效率是最被期待的效果，其实，根据原理推导，更应该被重视的是我们在评价饲料酶价值时提出的"非常规动物生产性能指标"。广义的动物生产性能指标还应该包括其他指标，甚至还包括不能量化的指标（我们可把狭义上以外的其他动物生产性能指标称为"非常规动物的生产性能指标"），如外观表现、健康状况、整齐度、成活率、同时出栏的比例等。葡萄糖氧化酶应用效果更是如此，也许这些容易被忽视的性能指标恰恰是更能反映酶制剂（特别是葡萄糖氧化酶这种"第三代分解型酶制剂"）的复杂、变异和多功能的添加剂效果。

四、溶菌酶

对溶菌酶研究始于 1907 年 Nicolle 对枯草芽孢杆菌中的溶解因子（Lyticfactor）的研究。1922 年，Fleming 首次在人眼泪和唾液中发现了一种能够溶解细菌细胞壁杀死细菌的酶，称之为"溶菌酶"（Lysozyme）。Robinson 等首次从卵蛋白中分离出溶菌酶晶体，为揭示溶菌酶结构奠定了基础。但直到 1965 年，Blake 通过 X 射线法对蛋清溶菌酶进行分析，才弄清了溶菌酶的氨基酸序列及三维立体结构。随着人们对溶菌酶来源、理化特性、作用机制等研究的逐渐深入，溶菌酶的应用范围也不断拓展。

1. 溶菌酶的来源、结构特点与理化特性

溶菌酶广泛存在于植物汁液，动物分泌液，人的眼泪、唾液、乳汁、禽蛋及部分细菌中。鸡蛋清中提取的溶菌酶是目前研究与应用最多的溶菌酶之一，该酶在蛋清蛋白占 3.4%~3.5%，由 129 个氨基酸组成，分子量约为 14.3ku。溶菌酶因具有 4 个双硫键而使其结构相对稳定，可耐受外界一定压力与高温。在溶菌酶分子表面有一个能容纳多糖底物 6 个单糖的裂隙则是酶的活性部位。一般认为，溶菌酶最适温度为 50℃，最适宜 pH 值为 6~7，是一种相对耐高温的碱性蛋白质。但是如果存储或生产条件不当，如温度过高、长时间光照、pH 值偏大等因素，均可使溶菌酶发生水解、氧化、脱氨和聚集等各种变化。

2. 溶菌酶作用机制

溶菌酶是动物本身固有的非特异性免疫因子，是有机体对抗病原微生物入侵最快速、最稳定的天然防线。许多研究者对溶菌酶作用机制进行了阐述：一是天然溶菌酶可以水解 N-乙酰胺基葡萄糖和 N-乙酰胞壁酸之间的 β-1,4 糖苷键，破坏了 G^+ 菌细胞壁肽聚糖支架，因内部渗透压作用而导致细菌裂解，所以溶菌酶对 G^+ 菌作用较强；而 G^- 菌细胞壁肽聚糖含量较少且被脂多糖类物质包被，导致溶菌酶对 G^- 菌作用较弱甚至无效。二是溶菌酶可阻止细菌溶解而引起内毒素释放，并能降低细菌降解产物对巨噬细胞的激活及各类炎症介质如 TNF-α 的产生，显著降低 IL-1 的 mRNA 的表达水平，减轻炎症发生。同时溶菌酶还能增加动物十二指肠及空肠绒毛膜高度、降低隐窝深度，强化了宿主第一道免疫防线。三是溶菌酶在体内 pH 近中性环境下带有较多正电荷，可与带负电荷的病毒起作用，并与 DNA、RNA、脱辅基蛋白形成复盐，中和病毒并使其失活。此外，溶菌酶还具有非特异性免疫调节作用，增强宿主体内巨噬细胞、中性粒细胞的吞噬病原菌功能，增强了宿主的第二道免疫防线。说明溶菌酶除具有抗菌、抗病毒及加快损伤组织的修复等功能，还是一种重要的非特异性免疫因子。

3. 作为防腐剂和杀菌剂

溶菌酶是一种天然蛋白质，能够有效抑制微生物的生长，可以作为一种安全绿色的饲料添加剂。溶菌酶可以专一地作用于微生物细胞壁，而不作用于其他物质。革兰氏阳性菌细胞壁 90% 由肽聚糖组成，因此溶菌酶对其作用十分显著。此外，对枯草杆菌、溶壁微球菌和地衣形芽孢杆菌等有强力的分解作用。对大肠杆菌等革兰氏阴性菌等也有一定的溶解作用。为了更有效地发挥溶菌酶作为防腐剂的作用，可以与甘氨酸、植酸以及聚合磷酸盐等配伍使用。在饲料中添加溶菌酶可以有效地杀灭细菌，防止霉变，延长饲料的贮存期。

4. 提高饲料利用率

在饲料中添加溶菌酶可以提高增重和饲料报酬。在基础日粮中添加 100g/t 的溶菌酶可以提高饲料报酬 3.9%，提高增重 7.8%。

5. 改善肠道形态

肠道是机体吸收营养物质的主要场所。小肠绒毛高度和隐窝深度的改善通常表明肠道健康的改善。小肠绒毛可以分泌多种消化酶，绒毛越长表示消化吸收能力越强。隐窝深度代表细胞生成率，而隐窝深度变浅，表示细胞成熟率增大，分泌功能增强。喂养断奶仔猪蛋清来源的溶菌酶 17d 后回肠绒毛高度增加。溶菌酶可以改善小肠的形态，提高小肠的吸收能力，这是溶菌酶提高生长速度的机制。

6. 增强免疫力

当动物处于有菌环境，会激发畜禽体内的免疫反应，降低生长性能。溶菌酶可以作为畜禽自身的非特异性免疫因子，因此可以在饲料中添加溶菌酶对动物先天免疫力进行调控，保证其良好的生长性能。溶菌酶能够缓解仔猪对口服大肠杆菌 K88 的反应，清除体内的病原菌。免疫系统激活，会有促炎细胞因子和急性期蛋白的产生。在一项关于引起低水平免疫应答的研究中发现，仔猪喂养含有溶菌酶的饲料后，其细胞肿瘤因子、结合珠蛋白、C 反应蛋白比喂养不含溶菌酶饲料的仔猪低，表明仔猪食用含有溶菌酶的饲料后可以减少自身免疫应答反应，促进其健康生长。溶菌酶还能改善巨噬细胞吞噬作用以及消化能力。在体内环境中，溶菌酶因为有分泌型免疫球蛋白 A 以及补体的参与，能溶解某些革兰氏阴性菌。

第三节　酸化剂

酸化剂是抗生素替代品中的一类，目前生产上使用的酸化剂主要包括无机酸、有机酸、复合酸化剂，能起到改善肠道内环境、提高物质转化率、抑制肠道有害菌群繁殖、促进动物生长的作用。研究表明，包被酸化剂能改善仔猪的生产性能。2 周龄仔猪日粮中添加 0.3% 以磷酸为主的复合酸化剂能有效降低胃内容物的 pH 值和大肠杆菌比例，益于乳酸杆菌的繁殖。柠檬酸可显著提高断奶仔猪血清超氧化物歧化酶（SOD）的活性和总抗氧化能力（T-AOC）。

一、酸化剂的概念、种类和作用机理

酸化剂从最初的以降低饲料 pH 为目的到目前的以提高动物肠道健康水平、调节肠道微生态为目的，是与人们对幼龄动物肠道发育的理解逐渐深入分不开的。最初，酸化剂大多以无机酸为主，曾经认为无机酸的主要作用是降低 pH，有机酸的功能是抑菌和抗菌。而断奶仔猪首要解决的问题是降低胃内 pH。但是后来发现，有机酸的抗菌作用是 pH 依赖型的，其抗菌作用与其在肠道的解离状态密切相关。这些有机酸是由结构为 R-COOH 组成的简单羧酸类，包括脂肪酸和氨基酸。但是，并非所有这些有机酸都对肠道微生物区系有作用。事实上，与特定抗菌活性有关的有机酸都是短链酸（C1-C7），它们或是简单的一元羧酸（如甲酸、乙酸、丙酸和丁酸），或是带有一个羟基（通常在 α-碳原子上）的羧酸（如乳酸、苹果酸、酒石酸和柠檬酸）。这些酸的部分盐类也显示有促进生长的作用。与抗生素相比，有机酸的抗菌功能主要有以下几个方面。

1. 杀菌防霉作用

由于有机酸在低 pH 环境下是亲脂的，并且可以自由扩散到细菌或真菌细胞中。一旦进入细胞，pH 的变化就会引起这些弱酸的离解。有机酸的多重作用就是由于这种细胞内的离解和由此引起的细胞反应。抗菌活性是在肠道肠腔中，有机酸解离出的自由质子（或许还有阴离子）对细菌或真菌细胞损害作用的结果。低 pH 对有机酸抗菌活性的重要性，可以解释为其对酸的离解的影响。在低 pH 条件下，大多数有机酸以非离解形式存在。非离解有机酸是亲脂的，并能扩散到细胞膜中，包括细菌和霉菌的细胞膜。一旦在细菌胞质中 pH 较高，就会引起酸的离解，造成细胞内容物 pH 降低，从而对酶学反应和营养素转运体系产生破坏性作用。另外，将 H^+ 转移到胞外是耗能过程，会降低用于扩散的可利用能量，达到一定程度的杀菌作用。这种直接抗菌活性可促成有机酸作为防腐剂的使用。抗生素的主要作用是抗菌；其对消化率和生产性能的改善作用，可以解释为对胃肠道微生物区系的影响及随之免疫刺激的减少。有机酸具有抗菌活性，但同时还显示出抗菌活性以外的效果。某些细菌品种的减少与饲喂有机酸有关，对于一些耐酸品种如大肠杆菌、沙门氏菌和弯曲杆菌尤为有效。

2. 提高动物对饲料中蛋白质和能量的消化率

抗生素和有机酸都能提高动物对饲料中蛋白质和能量的消化率。其作用方式是降低动物的基础免疫应答水平，通过降低氨、抑制细菌生长或代谢、降低有害微生物总量的方式，促进机体免疫介质的合成与分泌。断奶仔猪饲喂 1.25% 甲酸时，胃、小肠和盲肠中氨的浓度显著降低，可能是由于氨基酸的微生物脱氨减少，氨基酸的吸收增强所致，最终的观察结果是饲喂有机酸的猪，氮的消化率提高，氨的排出减少。与抗生素不同，有机酸的抗菌活性依赖于 pH。在胃内，当pH 降低到更有利于胃蛋白酶活性的最佳值时，在胃蛋白酶原被激活的同时，也激活了与蛋白消化有关的其他酶原。低 pH 的另一个作用是提高微生物植酸酶的活性。微生物植酸酶有 2 个最适 pH 值，即pH 值 2.5 和 pH 值 4.5~4.7，而且植酸在较低 pH 值条件下易溶解得多，这些作用结合起来，表现为动物对饲料中磷的消化率和存留量均有改善。

3. 调节肠道微生态环境

有机酸具有改变肠道微生物区系的作用，包括与酸化有关的其他作用，消化酶和微生物植酸酶活性的提高，以及胰腺分泌的增加。还有证据表明，有机酸可以促进胃肠黏膜的生长，尤其是一元脂肪羧酸如丁酸。有机酸能降低猪肠腔内消化物的 pH，特别是在前肠。

4. 促进生长

研究证实，有机酸能提高生长猪生产性能，尤其是早期断奶仔猪。在对 46 头断奶仔猪和 23 头育肥猪的试验中，添加甲酸、延胡索酸、柠檬酸和二甲酸钾使饲料报酬显著改善。

二、酸化剂与抗生素作用比较

酸化剂在抗菌性能方面与抗生素有共同之处，但作为抗生素的替代性产品，酸化剂还具有如下优势。

1. 直接营养作用

现今以乳酸、柠檬酸、富马酸、苹果酸等有机酸为主要成分的酸化剂，在动物胃肠道中除了杀菌、抑菌之外，大都可以进入肠道上皮细胞，氧化供能，因而不存在残留，污染动物体外环境。而抗生素大多为细菌或霉菌发酵、纯化而成，结构复杂多样，杀菌谱广，部分经机体吸收入血，经肝、肾降解后排出体外（如红霉素），部分不被吸收而直接排入体外环境（如黄霉素），大多不能被机体吸收利用。

2. 无抗性

细菌对一些营养物质具有适应性，而有机酸（如乳酸），是一些细菌代谢的终产物，不能被细菌利用；而部分抗生素可进入到细菌的细胞内，通过抑制或干扰细菌 DNA 的复制达到抑菌目的，一旦细菌的 DNA 出现耐性质粒，则该抗生素的效果即消失，这也正是欧盟在饲料中禁用抗生素的初衷。并且试验证实，耐药性细菌在经过数十代的脱敏培养之后，又重新对该抗生素药物敏感。所以与抗生素相比，酸化剂在此方面有着明显的优势。

3. 经济性

就添加的经济性而言，酸化剂略逊于抗生素。添加抗生素的收益能达到 1∶（8~10），而添加酸化剂的收益一般为 1∶（5~8）。抗生素的添加效果在环境比较差的饲养场效果更明显，而在环境良好的养殖场则效果不明显甚至有副作用。酸化剂则不同，它的作用效果相对温和，对机体肠道内环境只起到调节作用，因而长期效益更为突出。考虑到饲料的适口性提高、贮存期延长等附加价值，在饲料中应用酸化剂，是一个不错的选择。

三、酸化剂替代抗生素的前景

现今国内养殖业形势下，资源与环境的矛盾日益突出，养殖业逐渐向专业化、规模化、集团化的方向发展。与此同时，消费者对食品安全的关注度也越来越高。饲料原料及添加剂产品的质量稳定性，是首要考虑的问题。

1. 消费者对健康和环保的意识增强

现今，人们对猪肉的质量要求更加严格，对风味、口感、外观等更为"挑剔"，这就使得生产企业愿意把更多的投入用于保持猪的健康方面。为了保证生猪质量，屠宰产业链向上、饲料企业产业链向下延伸到养猪环节。不过，之前的养猪小区由于门槛低，一直给人以臭气熏天、苍蝇乱飞的景象。所以，新建的养猪场特别是规模化养猪场由于技术、资金、管理等原因，并不如人意，并且在环保和生物安全方面，规模化猪场欠缺得很多，但总体的环保意识逐渐增强。

2. 酸化剂研发方面的不断革新

在酸化剂研发方面，从最初的无机酸为主到有机酸与无机酸复合，再到有机酸为主，并且开发针对仔猪特定生理阶段的包膜型酸化剂，用了不到 15 年时间。虽然丙酸、乙酸等酸化剂的功能早在 20 世纪 80 年代已开始受到人们的重视。由于短链脂肪酸本身挥发性较强，且对人体有一定的刺激性。因此，酸化剂的载体处理就成为很关键的技术环节之一。为了满足饲料混合均匀度的要求，流散性也成为酸化剂应用的考察方面。总之，对酸化剂研究的深入能帮助饲料配方设计人员更好地应用酸化剂。如调整饲料组分，选择酸结合力较低的饲料原料，控制饲料中石粉、磷酸氢钙及药物用量等。从以上分析来看，酸化剂作为抗生素替代物，在猪饲料中的应用前景十分广阔。

第四节　抗菌肽

从 20 世纪 80 年代瑞典科学家 Hulmark 从惜古比天蚕中分离出第一种抗菌肽，命名为天蚕素，截至目前抗菌肽数据库中已注册的抗菌肽序列已经超过 3 000 个。抗菌肽是包括植物、动物和人类在内的所有生物体天然免疫反应的保守部分，是许多脊椎动物免疫系统的主要组成部分，被定义为能够保护宿主免受细菌、病毒或真菌入侵的关键防御分子。抗菌肽是由基因编码、核糖体合成的多肽，通常具有短肽（30~60 氨基酸）、强阳离子（pI 8.9 ～ 10.7）、热稳定性（100℃，15min）、不易产生耐药性、对真核细胞无影响等共同特征。

一、抗菌肽来源

根据其来源可以分为：①植物源抗菌肽，如硫素植物防御素；②动物源抗菌肽，如天蚕素、防御素；③微生物源抗菌肽，如细菌素和病毒源抗菌肽；④人工来源抗菌肽。根据作用对象的不同可以将其分为：①抗细菌类抗菌肽，如防御素-NV、天蚕素抗菌肽-A；②抗真菌类抗菌肽，如螺蠃毒肽2及其类似物；③抗病毒类抗菌肽，如从金钱鱼肝脏克隆的SA-肝肽等；④抗癌细胞类抗菌肽，如人β防御素-3；⑤抗寄生虫类抗菌肽，如蛙皮素。根据抗菌肽的二级结构以及氨基酸组成可以分为α螺旋、β链、环状结构和延伸结构以及富含脯氨酸和甘氨酸的抗菌肽。

二、抗菌肽抗菌功能与机制

与作用于细胞内特定通路或受体的抗生素不同，大多数抗菌肽以细菌细胞膜为靶标，不需要特定的受体，因此不易引起细菌突变，可以抵抗细菌耐药性的产生。抗菌肽对细菌的作用机制有细胞膜损伤和细胞内作用机制。抗菌肽抑菌方式与细菌细胞膜的结构和性质以及抗菌肽所含的氨基酸组成有着密不可分的关系。

1. 细胞膜损伤机理

带正电荷的抗菌肽与带负电荷的细菌细胞壁通过静电作用相接触，并优先与细菌细胞质膜中的负电荷磷脂基团（如磷脂酰甘油和心磷脂）相互作用，抗菌肽将取代稳定这些磷脂基团的二价阳离子，造成膜扰动。抗菌肽利用其双亲性特性插入磷脂双分子层内，导致膜结构的改变，如膜变薄、膜曲率改变以及双分子层屏障的破坏。研究表明，抗菌肽的作用方式具体取决于其结构属性，如氨基酸序列、分子量大小、阳离子性质、疏水性和两亲性。根据作用方式的不同，目前提出4种模型：桶-板模型、聚集体模型、环形孔模型、毯式模型。

2. 细胞内作用机理

研究表明，富含脯氨酸的抗菌肽（proline - rich AMPs,

PrAMPs）可以与核糖体结合并干扰蛋白质合成过程。非溶解细胞膜抑菌模式表明了细胞膜上可能存在一个或多个转运体摄取 PrAMPs 到细菌内。昆虫和哺乳动物利用的主要"特洛伊木马"是内膜蛋白 SbmA。SbmA 利用横跨内膜的质子电化学梯度将 PrAMPs 转运到细菌胞质，可以在不造成膜损伤的情况下杀死微生物。细胞内作用机制可以分为以下几种类型：抑制大分子（核酸或蛋白质）的合成和代谢以及酶的活性，还可以抑制细胞壁或者细胞膜的形成。这就解释了抗菌肽浓度在较低的情况下仍有杀菌能力。有研究表明，PrAMPs（如蜜蜂抗菌肽）和 oncocins 均可在不溶解细胞膜的前提下通过大量的氢键堆积与细胞 70s 核糖体相互作用，另外 oncocins 还可以抑制生物蛋白的合成从而抑制细菌。最具特征的是 oncocins-112 和牛抗菌肽。

三、抗菌肽免疫功能与机制

抗菌肽是先天免疫和适应性免疫的效应分子，可调节促炎反应、趋化活性，以及对适应性免疫产生直接影响。通过与宿主的直接抗菌活性无关的其他机制保护宿主免受病原体的侵害。

1. 抑制机体炎症反应

抗菌肽可以通过多种途径抑制机体的炎症反应。抗菌肽在体外表现出内毒素结合活性，减少内毒素刺激下全血中促炎细胞因子的产生，并抑制 THP-1 细胞中核转录因子-B 通路的活化。而猪乳铁蛋白-20 可直接影响髓样分化因子 88 的表达，从而阻断其与 NF-κB 和 MAPK 依赖的信号分子的相互作用，改变 LPS 介导的活化巨噬细胞的炎症反应。

2. 趋化作用

抗菌肽可以通过两种形式发挥趋化作用，一种是直接募集白细胞或诱导趋化因子以及细胞因子的表达。研究发现，抗菌肽 KSL-W 对中性粒细胞显示出微摩尔量的趋化性，并且能够诱导中性粒细胞中的肌动蛋白聚合。此外抗菌肽还具有间接诱导趋化作用，先天防御调节肽和宿主防御肽通过诱导趋化因子的产生，进而对中性粒细胞和单核细胞起到间接趋化作用。

3. 促进淋巴细胞增殖

淋巴细胞增殖是衡量机体免疫能力的一个重要指标，在仔猪日粮中添加抗菌肽加强 T 淋巴细胞的增殖功能，降低凋亡细胞的百分率，明显改善断奶仔猪细胞免疫。

4. 激活补体途径

补体不仅在固有免疫中发挥重要作用，同时参与适应性免疫中的应答与调节。研究表明，抗菌肽显著提高了仔猪血清中补体 C4 的含量。也有研究发现，抗菌肽 Arenicin-1 在相对较低的浓度下可以刺激目标红细胞激活补体旁路并引起溶血反应，而在较高的浓度下，该肽起到补体抑制剂的作用，为治疗补体调节失调相关疾病提供了新的方法。

四、抗菌肽对机体屏障的作用与机制

大量研究证实，抗菌肽对屏障组织具有很好的调控作用。研究发现，LFP 能够调节炎症反应、改善角质形成细胞功能、促进伤口再上皮化以及成纤维细胞的增殖和迁移，人源抗菌肽 LL-37 同样具有类似的作用。肠道屏障功能主要由调节黏蛋白和紧密连接蛋白的共同维持，紧密连接蛋白是肠道物理性屏障的基础。外源添加抗菌肽 LL-37 重建了鼠伤寒沙门氏菌破坏的结肠 T84 细胞紧密连接中闭合小环蛋白-1 的网状模式。而有些抗菌肽却加大了紧密连接和细胞质膜的通透性，研究人员通过分子模拟确定了紧密连接蛋白 claudins 为抗菌肽 PN159 潜在作用靶点，发现 PN159 通过与 claudin-4 和 claudin-7 保守氨基酸残基相互作用打开了细胞旁通路，安全且可逆地增强了 Caco-2 肠屏障模型的通透性，并发现其还具有增强细胞膜通透性以及抗菌功能。

第五节　中链脂肪酸

中链脂肪酸（MCFAs）因其独特的理化性质，能够被动物快速吸收利用，可作为一类快速补充能量的物质，缓解新生仔猪的能量缺乏问题。目前，在禁抗的情况下，MCFAs 因其抗菌作用受到关注。MCFAs 能够调节肠道微生物，抑制有害菌的生长，增强肠道屏障并且改善动物生产性能等。虽然其详细的机理还需要进一步研究，但由于 MCFAs 在肠道健康中的重要调控作用，使其在动物生产和饲料中的应用越来越广泛。

一、中链脂肪酸的概念

中链脂肪酸（MCFAs）是具有 6~12 个碳原子的脂肪酸，包括己酸（C6）、辛酸（C8）、癸酸（C10）和月桂酸（C12）。MCFAs 主要存在于动物的乳脂、椰子油和棕榈仁油等。如椰子油含有很高比例的 MCFAs，其脂肪酸组成为 3.4%~15% 的辛酸、3.2%~15% 的癸酸和 41%~56% 的月桂酸。MCFAs 与甘油发生酯化反应可形成相应的中链甘油三酯（MCTs），MCTs 也存在于自然界的动物乳脂和植物油脂。

二、中链脂肪酸的理化特性

中链脂肪酸的碳链较短、分子质量较小、熔沸点低且呈极性。中链脂肪酸是一种阴离子的表面活性剂，其能够很好地渗透到细胞中并解离释放出 H^+，降低 pH，被渗透的细胞需要消耗能量来泵出过多的 H^+，因此能够起到杀菌作用。而中链脂肪酸的酸度系数大于胃内环境的 pH，中链脂肪酸偏向于未解离形态，未解离的酸能够消灭细菌。此外，中链脂肪酸具有与细菌细胞膜相似的亲水疏水值，其结构所包含的亲水基团和易溶于生物膜的疏水基团可与细胞膜相结合，使细胞膜的流动性和通透性受到破坏，从而导致细胞自溶。

三、中链脂肪酸的代谢

与长链脂肪酸相比，MCFAs 更加容易被消化吸收。MCFAs 在小肠被上皮细胞吸收之后，直接进入门静脉与血浆白蛋白结合转运至肝脏，不需要像长链脂肪酸一样通过淋巴系统进入血液后再进入各个组织。MCFAs 不仅消化吸收的速度快，氧化代谢的速度也快，MCFAs

在肝细胞内可以直接透过线粒体的双层膜结构到达线粒体内部，而长链脂肪酸进入线粒体则需要借助肉毒碱的转运。因此，与长链脂肪酸相比，MCFAs能够被快速氧化，可快速为机体提供能量。

四、中链脂肪酸对肠道健康与功能的影响

中链脂肪酸对肠道营养物质消化吸收具有重要调控作用。研究发现，在断奶仔猪的基础日粮中添加MCFAs，能够提高断奶仔猪的平均日增重，降低料肉比，提高饲料转化率，提高仔猪的生长性能，并且饲喂添加MCFAs日粮的仔猪能够达到和饲喂抗生素仔猪一样的生长性能。在断奶仔猪的日粮中添加MCTs，断奶仔猪的平均日增重显著升高，干物质的表观消化率也显著提高。此外，添加MCTs还能够促进断奶后2周内仔猪肠道吸收能力的恢复，改善蛋白质代谢，提高其生长性能。

中链脂肪酸对动物肠道的屏障功能有着积极调控作用。在断奶仔猪的饲粮中添加MCFAs可提高仔猪的绒毛高度，降低隐窝深度，提高绒毛隐窝比，并且能够降低消化道的pH和减少断奶给仔猪带来的应激反应。此外，在肠道损伤模型中，日粮中添加MCFAs可改善肠道屏障损伤。研究表明，断奶仔猪日粮中添加MCFAs或MCTs都能够有效地改善由脂多糖刺激产生的仔猪空肠绒毛萎缩、上皮脱落、小肠绒毛高度和绒隐比降低的现象，改善仔猪黏膜结构损伤，维护和保护肠黏膜免疫屏障功能。

中链脂肪酸对肠道微生物组成具有重要调控作用。研究发现，不同中链脂肪酸的抑菌效果不尽相同，如月桂酸及月桂酸单甘油酯对革兰氏阳性菌及部分革兰氏阴性菌有较好的抑制效果。在断奶仔猪日粮中添加MCFAs或者MCTs，均能够降低回肠和盲肠内容物中大肠杆菌和肠球菌的数量，还能够降低食糜和粪便中大肠杆菌、沙门氏菌和肠球菌等有害菌落数，降低仔猪粪便中的总菌落数，可提高粪便中乳杆菌数量。

第六节 卵黄抗体

卵黄抗体又称卵黄免疫球蛋白（IgY），是禽类经特异性抗原刺激由 B 淋巴细胞产生并转移至卵黄的特异性抗体。大量研究表明，饲料中添加 IgY 可提高猪的采食量、饲料转化率及生长性能，并能有效降低由大肠杆菌、沙门氏菌、猪传染性胃肠炎病毒及猪流行性病毒等病原体引起的腹泻。随着研究的不断深入，IgY 作为抗生素的替代品在猪生产中的应用必将越来越广泛。

一、卵黄抗体的优势

IgY 是禽类经特异性抗原刺激在孵育过程中由血清中的 IgG 转移到卵黄中形成的，与 IgG 相比制备 IgY 具有很多独特的优势。首先，就动物福利来说，制备 IgY 只需捡取鸡蛋，并不需要杀死动物采血。其次，IgY 产量大，1 枚鸡蛋可获得 50～100mg IgY，其中 2%～10% 为特异性抗体，而 1 只鸡 1 年可产 300 枚以上鸡蛋，平均 1 只鸡每年可得到 22 500mg 抗体。最后，IgY 不激活哺乳动物的补体系统，不与白蛋白或球蛋白结合，与类风湿因子、IgG 没有干扰。因此，可将 IgY 作为一种试验诊断试剂和免疫治疗剂，避免免疫检测中产生的假阴性或假阳性结果，提高免疫学检测的准确性。

二、卵黄抗体的稳定性

IgY 作为一种具有生物活性的免疫球蛋白，在生产、加工、贮存、摄食及消化过程中保证其稳定性是非常关键的。大量研究表明，IgY 具有良好的耐热、耐酸碱性能。IgY 在 pH 值 3.5～11 时能保持稳定，活性几乎不变。室温条件下，IgY 可保存 6 个月，而活性几乎不受影响，温度为 65℃ 时还能保存 24h。同时，IgY 对胃蛋白酶具有较强的抵抗力，并且能够抵御肠道中胰凝乳蛋白酶和胰蛋白酶的消化，也能够抵御幼龄动物胃酸屏障功能。此外，IgY 还具有耐高渗（60% 浓度的蔗糖溶液中仍有活性）、耐高压（4 000kg/cm² 高压下，仍保持活性）、耐反复冻融的特性。IgY 耐热、耐酸碱、耐高渗、耐高压、耐反复冻融，以及能抵抗胃蛋白酶、胰蛋白酶与胰凝乳蛋白酶的特性对其生产、加工、贮存、摄取及消化过程中维持结构的稳定和发挥生物学作用具有重要意义，也为其成为一种稳定的饲料添加剂奠定了基础。

三、卵黄抗体作用机制

IgY 中和病原体活性的确切机制目前尚无定论。但研究者们提出了几种 IgY 可能的作用机制，包括细菌凝集、阻滞黏附、吞噬调理作用及中和毒素。在这 4 种机制中，阻滞病原体黏附肠细胞被认为是 IgY 主要的作用方式。具体有 3 种作用类型：一是特定病原菌的卵黄抗体能直接粘附于病原菌的细胞壁上，改变病原细胞的完整性，直接抑制病原菌的生长；二是卵黄抗体可黏附于细菌的菌毛上，使细菌不能黏附于肠道黏膜上皮细胞；三是一部分卵黄抗体在肠道消化酶作用下，降解为可结合片段，这些片段含有抗体的可变小肽（Fab）部分，这些小肽很容易被肠道吸收，进入血液后能与特定的病原菌黏附因子结合，使病原菌不能黏附易感细胞而失去致病性，而 IgY 的稳定区（Fe 部分）留在肠内。

四、卵黄抗体在猪饲料中的应用

饲料中添加 IgY 能促进猪的生长，提高猪的生产性能。有研究对比了 IgY 与氧化锌、富马酸及卡巴氧对口服了 ETECK88 的猪的生产性能及肠道形态的影响，结果发现 4 种添加剂均提高了猪的生产性能，显著降低了猪的死亡率。在这个研究中 IgY 的效果与抗生素一致，说明 IgY 是一种具有潜力的抗生素替代品。但是也有研究表明，饲料中添加 IgY 并不能提高猪的生产性能。产生这种结果可能是由于 IgY 在经过肠道时，已被蛋白酶水解。IgY 作为一种糖蛋白和大多数蛋白一致，具有相似的变性条件。虽然 IgY 较其他蛋白能更好地耐受肠道蛋白酶消化，但它在 pH 值为 3.5 时活性会开始降低，在 pH 值为 3 时活性不可逆地完全失去，在低 pH 值条件下，胃蛋白酶会使其失活加剧。幼龄仔猪消化系统尚未完善，胃酸 pH 值较高，口服的 IgY 能够很容易通过肠壁而不被降解，从而能很好地发挥其生物学功能。而与仔猪相比，大猪的胃酸 pH 值较低，口服的 IgY 在低 pH 值环境下的胃蛋白作用下大部分被分解而失去促生长及抗腹泻的功能。因此，有研究者采用微胶囊技术对 IgY 进行保护，使 IgY 能完整地达到作用部位，发挥其生物学功能。有研究采用壳寡糖-海藻酸钠微胶囊包被 IgY，饲喂大肠杆菌 K88 感染的断奶仔猪，24h 后未经包被组仔猪腹泻率显著高于经壳寡糖-海藻酸钠微胶囊包被组，试验期微胶囊包被组仔猪增重显著高于未包被组。

第七节　其他添加剂

一、植物提取物

植物提取物是指以物理、化学和生物学手段分离、纯化植物原料中的某一种或多种有效成分为目的而形成的以生物小分子和高分子为主体的植物产品。其活性成分主要包括生物碱、挥发油、苷类，具有抑制有害微生物、调节免疫、抗氧化、调节代谢等作用，有益于猪的健康生长。植物提取物具有体外抗菌、抗氧化、抗病毒和抗毒素等性质和功能。植物提取物促进仔猪生长的作用机理可能是通过保证饲粮的安全卫生以促进肠道健康，或者更多是通过控制潜在的病原菌以保持胃肠道中微生物菌落的生态平衡。

在仔猪饲粮中添加樟科植物提取物和丝兰植物提取物可通过减缓尿素氮分解和可溶性硫化物的产生，从而减少氨和硫化氢的散发；樟科植物提取物效果优于丝兰植物提取物。

牛至油是从牛至中提取的一种纯天然新型广谱抗菌药物添加剂，含有百里香酚和香芹酚等多种抗菌化合物，其活性成分具有很强的表面性及脂溶性，能很快穿透病原微生物的细胞膜，有效阻止线粒体内的呼吸氧化过程，从而使病原微生物失去能量供应而死亡。牛至油对畜禽肠道细菌如沙门氏菌、猪密螺旋体和大肠杆菌等引起的腹泻和下痢有特效，且不会产生耐药性。断奶仔猪日粮中添加 400g/t 牛至油比添加 1.0kg/t 金霉素和 1.0kg/t 金霉素+0.1kg/t 黄霉素的平均日增重分别提高 8.49% 和 6.09%，腹泻率分别降低 50% 和 40%。牛至油在仔猪日粮中添加比添加 15% 金霉素 300g/t 和 4% 黄霉素 100g/t 组仔猪平均日增重明显提高 4.44%，料肉比显著降低 5.13%。

菊粉作为一种益生元，可促进肠道双歧杆菌和乳酸菌生长，竞争性抑制肠道致病菌的繁殖。在日粮中分别添加 1.0%、1.5% 和 2.0% 菊粉，断奶仔猪腹泻指数分别显著降低 40.1%、54.9% 和 43.0%，平均日增重分别显著提高 10.4%、13.3% 和 6.9%。

植物精油往往是中药和香料的生物活性成分。据报道，50 种精油能够对 25 种不同微生物产生抑制效应，其活性可能与细菌表面脂质可溶性的改变有关。在种类繁多的中药和香料产品中，大蒜受到了特别的关注。大蒜对枯草芽孢杆菌、鼠伤寒沙门氏菌、金黄色葡萄球菌、粪链球菌和单核细胞增生性李斯特菌有杀灭作用。在日粮中添加 0.5% 的大蒜素，仔猪的饲料转化率和增重与使用卡巴多司的对照组仔猪并无差异。还有报道，将多种精油混合后联合使用，所产生的抗菌效果要强于单一使用一种精油。

二、寡糖

根据生理学功能可将寡糖分为功能性寡糖和普通寡糖两大类。普通寡糖可被机体直接消化吸收，产生能量；功能性寡糖具有低热、稳定、安全无毒的理化性能，不能被动物本身的消化酶消化，却可以在肠道中作为双歧杆菌等有益菌的底物，促进有益菌的增殖，同时抑制有害菌生长。功能性寡糖能够提高断奶仔猪的增重速度和饲料转化率，在一定程度上可替代抗生素作为生长促进剂应用于仔猪日粮中。

甘露寡糖可提高断奶仔猪的日增重和饲料转化率。在饲粮中添加适量的甘露寡糖可以提高断奶仔猪的生长性能，并且能够降低腹泻率，促生长效果优于土霉素，且对氨基酸代谢和抗氧化功能有改善作用。但也有研究显示，仔猪对甘露寡糖有一个适应过程，饲喂 2 周后可促进仔猪生长，减少腹泻的发生。值得注意的是，过量添加甘露寡糖的确会使动物发生腹泻。

三、短链脂肪酸

短链脂肪酸（SCFAs）主要是通过膳食纤维的后肠发酵产生的，除了为宿主提供能量来源，也发挥免疫调节作用。SCFAs 通过特定机制促进肠内稳态，包括促进杯状细胞黏液产生、抑制 NFκB、促进 B 细胞 sIgA 的分泌、降低 T 细胞活化分子在抗原呈递细胞上的表达、增加调节性 T 细胞的数量和功能等。

丁酸盐已被广泛应用于饲料中抗生素的替代。由于丁酸具有较高的挥发性和腐蚀性，因此一般在猪日粮中丁酸与钙或钠混合使用。研究报道，添加 0.1% 丁酸钠能降低仔猪腹泻，增强肠道的完整性，提高血清 IgG 含量。丁酸盐的另一种替代形式是三丁酸甘油酯，其主要优点是丁酸的缓释，可在胃中保持完整，在小肠中以丁酸和甘油-丁酸酯的形式缓慢释放。日粮添加饲喂 0.1% 的三丁酸甘油酯可促进紧密连接的形成和表皮生长因子受体信号的活化，减轻乙酸诱导的肠道损伤。丁酸的免疫调节作用通过与上皮细胞或免疫细胞中表达的 G 蛋白偶联受体结合，介导免疫调节的级联。丁酸及其衍生物已经显示出非常强的抗革兰氏阳性和革兰氏阴性菌的活性，可能是通过穿透细菌细胞壁并酸化细胞质，从而导致细菌死亡。此外，丁酸还能诱导宿主防御肽的产生，从而调节宿主免疫系统抵抗病原体，包括对抗生素抗性菌株。

四、功能性氨基酸

氨基酸是维持肠道生长发育的关键营养物质。仔猪肠道组织利用了每天摄入的氨基酸将近 50%，利用的必需氨基酸占其摄入氨基酸的 50%。氨基酸的利用对调节细胞生理学功能非常重要，对肠黏膜细胞更新和黏膜屏障功能具有重要的生理意义。近年来，包括谷氨酰胺（Glutamine，Gln）、谷氨酸（Glutamate，Glu）、蛋氨酸（Methionine，Met）和精氨酸（Arginine，Arg）等功能氨基酸被发现具有调节肠细胞增殖、凋亡和分化活性，促进肠上皮更新和再生作用。例如精氨酸、谷氨酰胺、谷氨酸和脯氨酸在基因表达、细胞内信号传导、营养物质代谢和氧化防御的调控中发挥重要作用。

精氨酸是近十几年来在仔猪肠道功能方面研究最广泛的氨基酸。精氨酸家族类物质（包括精氨酸、N-氨甲酰谷氨酸、谷氨酰胺二肽、α-酮戊二酸、精胺等）通过 ArgNO-Hsp70、mTOR、TLR4-NFκB、PPARγ、VEGF 等信号通路促进仔猪肠黏膜上皮细胞蛋白合成，促进细胞增殖与生长，缓解断奶应激和炎症反应，维持黏膜结构和功能。在早期断奶仔猪日粮添加 0.2%～1% 的 L-精氨酸能显著提高其生长性能，促进肠道生长，缓解不同应激因素对肠道的损伤。在断奶前灌服脯氨酸可使仔猪肠道成熟，促进断奶后肠黏膜增殖以及紧密连接和钾通道蛋白表达，从而缓解断奶应激。断奶仔猪添加 1% 的谷氨酰胺可显著提高其肠道抗氧化能力，谷胱甘肽浓度增加 29%，防止空肠萎缩，小肠生长增加 12%，日增重提高 19%。断奶仔猪日粮添加芳香族氨基酸（0.16% 色氨酸、0.41% 苯丙氨酸、0.22% 酪氨酸）能缓解脂多糖（LPS）诱导的黏膜组织病理学损伤，激活 CaSR 信号通路和抑制 NF-κB 信号通路，缓解 LPS 诱导的仔猪肠道炎症。

五、酵母培养物

酵母培养物与其他酵母相关产品相比，主要区别在于其有效成分是功能性代谢产物。相对于活酵母类产品具有更好的稳定性，耐受储存和加工。相对于酵母水解物、酵母提取物等产品，因其多组分以及多重作用机制（促进肠道健康、平衡免疫功能），功能性更强。

酵母培养物具有平衡肠道微生物菌群和调节微生物代谢的作用。酵母培养物能够增加后肠道乙酸、丙酸、丁酸和总挥发性脂肪酸含量，改善有益菌与有害菌的比例，促进肠道菌群平稳。微生物菌群的平衡能够有效减少病原菌的生长繁殖及肠道黏附和毒素的产生，发挥微生物屏障作用。酵母培养物能够减少大肠杆菌、沙门氏菌和产气荚膜梭菌等潜在致病菌的数量。大量现场应用结果显示，酵母培养物能够有效减少沙门氏菌和致病性大肠杆菌等病原菌检出率、检出数量、毒性和耐药性，从而有效减少养殖发病和死亡率，保障药物的有效性。

　　酵母培养物可以提高肠道完整性，增加绒毛高度，以及绒毛高度与隐窝深度的比值。肠道完整性的提高减少细菌及毒素通过肠道进入体内，加强肠道的屏障作用，减少细菌及毒素引起进一步的机体损伤。绒毛高度与隐窝深度比值增加促进营养素的消化吸收，提高生长速度，降低料肉比。仔猪日粮中添加酵母培养物增加了十二指肠和空肠的绒毛高度，不影响回肠绒毛高度，十二指肠、空肠和回肠隐窝深度，但十二指肠、空肠和回肠绒毛高度与隐窝深度的比值全部增加。

　　酵母培养物不仅具有改善肠道健康的功能，而且还能够增强机体免疫功能。机体通过免疫功能进行病原的识别和清除，免疫功能的增强有助于减少病原进入体内，及时对抗和清除机体病原菌，有效减少病原及其危害。酵母培养物的免疫功能更体现在免疫平衡上，即强化局部有效的免疫反应，而减少过度全身性免疫反应，加强病原的识别和清除，减少炎症以及过度免疫应激，既保障了对病原的清除识别功能，又能有效减少免疫营养消耗对动物生长性能和饲料转化率的负面影响。在免疫调节方面，应用酵母培养物后，肠道 IFN-γ 显著提高，而整个饲喂期血清 IFN-γ 却更低，显示了酵母培养物在免疫调节上加强局部免疫而减少全身免疫的平衡作用。研究表明，酵母培养物可以提高肠道分泌型 IgA（SIgA）含量，SIgA 在病原进入体内以前进行结合，有效减少病原进入体内，这也是酵母培养物强化局部免疫的表现。

第六章　仔猪无抗饲养新策略

第一节　哺乳仔猪饲养管理

一、哺乳阶段的主要问题

哺乳阶段对母猪和仔猪都非常重要，此阶段，母猪和仔猪需要摄入足够的营养，否则会对生长造成不利影响，严重的甚至导致母猪不孕不育。但综合目前饲养情况可以发现，我国养猪场在哺乳阶段给母猪和仔猪提供的营养一般不足，因为哺乳期母猪的消耗很大，会导致母猪出现连续性生产能力被破坏的问题。现代化规模养殖场一般存在连接性效应很强的问题，如果某个环节出现问题可能对母猪产生严重影响，甚至造成一生生产能力的破坏，最明显的表现就是产仔猪数降低。就我国来说，不同养猪场的母猪产仔数有很大区别。

二、重视哺乳母猪的饲养管理

1. 初产哺乳母猪的饲养管理

母猪在生产头两胎时的压力较大，尤其是初产采食方面。一般来说，要求母猪初产采食量在 5kg 左右，但在现代化养猪理念下，要求母猪保持高产状态，特别是哺乳期母猪，每天要摄入赖氨酸 60g 左右。但在实际饲养过程中，大部分养猪场饲料中的赖氨酸含量只在 0.9% 左右，这意味着初产母猪每天摄入的赖氨酸不足，与理想值存在很大差距。基于此，母猪为了满足初产消耗，需要消耗自身的肌肉组织，但这样会导致母猪生产能力受损。在养殖过程中，哺乳母猪每天的最低生产需要采食代谢 67MJ/kg 左右，而且要在饲料中添加适当油脂。如果每天保证哺乳母猪采食量在 5kg 左右，摄食代谢高于 4.2MJ/kg，此时哺乳母猪会出现快速消耗，尤其是 P_2 背膘，会导致初产母猪在生产后 2 周左右出现产奶量明显下降情况，尤其是配种时体重较小的母猪下降幅度更加明显。如果母猪持续经历消耗，在第二胎生产时会发现生产能力显著低于第一胎。但也有饲养人员曾经为妊娠母猪饲喂大量饲料，借此补充 P_2 背膘的消耗，但会影响母猪下一次哺乳期的采食量，形成恶性循环。因此，养猪场需要重视初产母猪的饲养管理，保证采食量，而且要重点保证需要摄取的营养含量。养猪场需要专门配制初产和二产母猪的饲料，增加其中的赖氨酸比例，尽量使其达到理想的 1.2% 的水平。在饲料中添加足够的油脂，保证可以实现代谢能在 13.90MJ/kg 以上，以提供母猪日常的营养水平。在生产中可以调整母猪的营养供给模式，保证母猪初产，进而保证母猪生产能力。

2. 满足哺乳母猪的营养需求

在养殖过程中，要保证母猪每天都摄入足够的营养，以此避免其在哺乳期消耗过多的营养储备，或者影响母猪的繁殖能力。多年研究表明，影响哺乳母猪每天摄入营养不足的因素主要有两个方面，母猪采食次数较少导致采食的总量较少，也就无法保证摄入足够的营养；饲料配方的营养标准比较低，难以满足饲养需求。养殖场最好可以结合母猪的生长状态调整饲料配比，尽可能保证营养充足。养殖场要根据母猪产次、季节、气温、采食量合理调整饲料配方的营养标准，使哺乳母猪处于科学的饲养模式，保证其每天摄入足够的营养。

3. 做好母猪产前准备

对母猪产圈和产栏的总要求是温暖、干燥、卫生和舒适。保持产圈内温度 15~18℃，空气相对湿度 65%~75%，冬季安装取暖设备以利于保温，传统地面产圈用生石灰拌炉渣（比例为 1:3）或锯末铺地降低湿度。彻底打扫产圈后，选用 2%~3% 火碱水、20% 生石灰乳、30% 草木灰水消毒地面和墙壁。产栏在彻底清扫后，用刺激性较小的新洁尔灭、百毒杀等消毒药消毒。同时准备好产仔所用的各种用具和垫草，如取暖设备（照明灯、红外线灯等）、止血钳、剪刀钳、耳号钳、毛巾或干净抹布、5%碘酒、酒精、产仔记录本、稻草或软干草等。

产前10~15d由妊娠后期料逐渐更换成哺乳料。膘情好的母猪，产前1周逐渐减少喂料量，至产前1~2d减到平时喂料量的一半，并要减少粗料、糟渣等大容积饲料给量。分娩当天不给料，只饮豆饼、食盐麸皮汤。对膘情较差的临产母猪，不但不能减料，还要加喂豆饼等富含蛋白质的催乳饲料。产前1周，让母猪自由运动，避免激烈追赶。

产前5~7d将母猪转移到产圈。用2%来苏儿溶液或0.1%的高锰酸钾溶液擦洗母猪的腹部、乳房和外阴周围，再用温水洗净、毛巾或抹布擦干。

母猪产前16d，乳房膨大有光泽，呈八字形；产前1周（3~5d），外阴红肿，尾根两侧下陷，俗称"塌胯"；产前1~2d，从前边乳头开始，能挤出乳汁；产前8~10h（初产母猪更早），地方猪种会衔草做窝，引进猪种会嘴拱地或前足扒地，在圈内来回走动，频繁排粪排尿；产前6~8h，乳汁由清变浓（乳白色）；产前4h，呼吸加快（可达90次/min）；产前10~90min，躺卧（初产母猪不愿躺卧），四肢直伸；产前1~20min，阴户流出分泌物。

4. 注意母猪断奶前的限饲

现代化饲养比较喜欢饲养瘦肉型母猪。在采取相应饲养管理措施下，瘦肉型母猪的脂肪储备很少，P_2背膘的比例不足一半。而现代化饲养相比传统养猪模式对营养成分的需求更加敏感，尤其需要特别关注能量和脂肪的获取。如果母猪在哺乳期消耗过多的P_2背膘，会对母猪生产能力造成终身损害。在饲养管理时，养殖人员还要在仔猪断奶前5~6d对母猪进行减料，此时母猪对储备能量的消耗已达到极限，但又需要充足的产奶量保证仔猪增重，因此此时减料会加快母猪消耗储备的速度。而营养储备消耗过快会导致母猪体重快速降低，延长母猪断奶后的第二次发情间隔，降低排卵数，进而降低产仔数。

三、哺乳仔猪的饲养管理

从出生到断奶阶段（4~5周）的仔猪称为哺乳仔猪。仔猪出生后，生活条件发生了巨大变化。由原来通过胎盘进行气体交换、摄取营养和排出废物，转化为自行呼吸、采食和排泄，并且在母体子宫内生活条件相当稳定，到出生后直接受自然条件和人为环境的影响。同时，由于哺乳仔猪生长发育快和生理上不成熟，如果饲养管理不当，就会影响哺乳母猪的生长发育，甚至造成死亡。因此，养好哺乳仔猪的目的是使仔猪成活率高、生长发育快、均匀整齐、健康活泼、断奶体重大，为以后养好保育仔猪打下良好基础。

1. 仔猪接产工作

（1）接产。

母猪产程一般要持续1~4h，间隔5~25min产出1头仔猪，胎儿全部产出后0.5~2h左右排出胎衣，及时清除胎衣。但因品种、个体差异，母猪产程有较大变化。因此，不可盲目为母猪助产，否则可致母猪产后感染，影响产后采食、哺乳甚至今后正常繁殖。如母猪强烈努责但不见胎儿娩出，可将消毒后的手臂缓慢伸入产道检查，如仔猪已娩出子宫颈口，可行人工助产慢慢掏出，如未娩出子宫颈口，则需静等，不可操之过急。

（2）擦拭。

刚出生的仔猪体表湿润，散热快，在离开母体后要用晒干的毛巾快速擦干全身黏液，使仔猪体表保持干燥，并及时放进已垫好麻袋片的保温箱内。

（3）断脐、剪乌牙。

在擦干仔猪体表黏液的同时进行断脐。让仔猪躺卧好，把脐带中的血液反复向仔猪脐部方向挤压数次，在距离仔猪脐部4~6cm处用线结扎、切断、碘酒消毒。剪乌牙时，要求剪口整齐，牙龈局部不出血、不肿胀。

（4）吃足初乳。

母猪产后3d内分泌的乳汁称为初乳。由于初生仔猪不具备先天免疫能力，必须通过吃初乳获得免疫能力。初乳中含有丰富的蛋白质、维生素和免疫抗体、镁盐等。初乳酸度高，有利于消化，能增强仔猪的抗病能力，增进健康，提高抗寒能力，促进胎粪排泄。仔猪出生后1h要人工辅助吃足初乳，如果初生仔猪吃不到初乳，则很难育活。

（5）做好保温防寒工作。

初生仔猪体内贮存的营养少，体脂也少，在寒冷的环境中如果不能及时哺乳，仔猪很容易饿死或冻死。因此，对刚出生的仔猪，在保证吃到初乳、吃足初乳的同时，一定做好保温防寒工作，要求环境温度维持在32~35℃，并且保持干燥、通风，以后每周降2~3℃。

2. 1~3 日龄仔猪的护理

1~3 日龄是乳猪死亡率最高的时期，护理工作的好坏将直接影响其今后的体质。

（1）固定奶头。

母猪前部奶头泌乳量大些，后部的奶头泌乳量稍少。为了使同窝仔猪生长均匀、健康，在母猪分娩结束后，将全部仔猪放在躺卧的母猪身边，让仔猪自己寻找乳头。待大多数仔猪都找到乳头后，再对个别弱小或强壮争夺乳头的仔猪进行调整，遵循"大靠后，小靠前，不大不小留中间"的原则进行人工辅助固定乳头。有时母猪产仔少而乳头多，可让弱小的仔猪吸食前边的两个乳头，或让强壮仔猪吸食后边的两个乳头。

（2）定时吃奶。

训练仔猪定时吃奶，被压死、饿死和腹泻致死的比例低，可有效降低哺乳仔猪的死亡率。平时把仔猪关在保温箱内，喂奶时由饲养人员将仔猪放出来吃奶，吃完奶后再赶到保温箱内。

（3）为仔猪创造舒适小环境。

产后的仔猪生活在保温箱中，要保持保温箱内温度适宜，垫草或垫料柔软干净，消毒彻底，可保证仔猪不扎堆，不发抖。

（4）防止母猪踩压仔猪。

可设立护仔箱、护仔栏、护仔间，护理好新生仔猪。1周内的新生仔猪可设立护仔箱，将母仔隔开，每隔 2~3h 把仔猪从护仔箱中放出来让母猪哺乳 1 次。也可用圆木或铁管在离墙和地面各 25cm 处设护仔栏，以免母猪沿墙躺卧时将仔猪挤压致死。还可设置护仔间，在母猪舍内用木板或砖头建一个四周封闭、一边留小门（供仔猪出入）的护仔间，通过开关小门定时放出仔猪吃奶，以减少仔猪被踩压致死的概率。

3. 3~7 日龄乳猪的护理

在做好前 3d 饲养管理工作的基础上，3~7 日龄主要应做好补铁、补硒、补料，防仔猪黄痢等工作。

（1）补铁。

母猪乳汁中的铁只能满足仔猪出生后 3~5d 的需要。如果不能及时补铁，将会造成仔猪贫血而表现为仔猪全身苍白、运动无力、食欲不振、体瘦毛焦，抗病力差，最后死亡或成为僵猪。仔猪 3 日龄时，可使用右旋糖酐铁注射液，于耳后或大腿内侧肌内注射 1.5mL/头。对已出现贫血症状的仔猪，可在 14 日龄重复补充 1 次，剂量为 2mL/头。

（2）补硒。

硒和维生素 E 参与机体抗氧化过程，缺硒时仔猪可发生下痢、白肌病等，越是营养中上等、生长较快的仔猪越容易发生。病仔猪体温正常或偏低，叫声嘶哑，行走摇摆，进而后肢瘫痪。一般在仔猪出生后 3~5d 肌内注射 0.1% 亚硒酸钠或维生素 E 注射液 0.5mL，断奶前后再注射 1mL，即可收到理想的预防效果。

（3）补料。

对 5 日龄仔猪，可开始诱导训练从吃母乳到吃饲料，锻炼并提高仔猪的消化能力，减少仔猪白痢的发生。刚开始可使用教槽料，用少量水拌湿，饲养员用手抹在仔猪嘴里，3~4 次/d。以后可在仔猪补料槽里放上饲料让其自由采食。同时，要保证清洁充足的饮水。

（4）防仔猪黄痢。

仔猪黄痢也称为早发性大肠杆菌病，仔猪生后数小时至 5 日龄，尤其 1~3 日龄最易发生。有的仔猪出生时尚且健康，数小时后突然发病甚至死亡。病猪主要症状是拉黄色水样黄痢，内含凝乳小片，后肢被粪液沾污。患病仔猪精神不振，不愿吃奶，消瘦、脱水，很快死亡。剖检，主要病变是胃肠卡他性炎症。可肌内注射庆大霉素注射液，一次量每头 8 万单位，2 次/d，连用 3d，或肌注硫酸卡那霉素注射液，一次量每千克体重 10~15mg，2 次/d，连用 3d。同时给仔猪充足饮水（可以适当添加电解多维），确保卫生。

4. 哺乳仔猪的管理

（1）保温防压。

初生仔猪皮下脂肪层薄、被毛稀疏、体温调节能力差，所以保温是提高仔猪育成率的关键性措施。仔猪最适宜的环境温度是：1~7 日龄 32→28℃；8~30 日龄 28→25℃；31~60 日龄 25→23℃。保温的措施是单独为仔猪创造温暖适宜的小气候环境。可在产栏内设置仔猪保温箱，内吊 1 只 250 瓦的红外线灯泡或铺仔猪电热板。另外，在产栏内安装护仔栏，防止仔猪被母猪踩死、压死。

（2）固定乳头。

母猪放乳时间较短（10~20s），而且母猪不同部位的乳头所分泌的乳汁数量也不尽相同，一般前排较多，后排较少。另外，初生仔猪有抢占多乳头的习性。如果仔猪吃奶的乳头不固定，则势必因相互争抢乳头而错过放乳时间，有时还会因争抢乳头时咬伤乳头而引起母猪拒哺。为避免这种现象，仔猪初生 2~3d 必须固定乳头。固定乳头以自选为主，个别调整为辅，把初生体重小的仔猪固定在前排乳头，把初生体重大的仔猪固定在后排乳头，这样有利于母猪泌乳，仔猪发育均匀。

（3）过仔或并窝。

母猪的产活仔数往往超过有效乳头数，或母猪产后初期死亡，这时就要采取过仔或并窝，这样可提高母猪利用率。在过仔和并窝时应注意：一是母猪产仔日期尽量接近，最好不要超过 3~4d；二是过出的仔猪一定要吃到初乳；三是后产的仔猪往先产的窝里过仔要拿体大的，先产的仔猪往后产的窝里过仔要拿体小的。在过仔或并窝时往往发生寄养仔猪不认"妈妈"，拒绝吃奶。解决办法是把寄养仔猪暂时隔奶 2~3h，等到仔猪感到饥饿难忍时，就容易吃"妈妈"的奶了。如个别再不吃奶，可人工辅助把乳头放入仔猪口中，强制哺乳，当重复数次，仔猪尝到了甜头，就不会拒哺了。过仔或并窝也可能发生"妈妈"不认寄养仔猪的情况。解决办法是干扰母猪嗅觉，可用母猪产仔时的胎衣、尿液或垫草涂擦寄养仔猪身体，或者事先把寄养仔猪和母猪亲生的仔猪放在一起 2~3h，也可用少量的白酒或来苏儿溶液喷到母猪鼻端和仔猪身上，即可解决。

（4）去势。

去势的猪性情温顺、食欲好、增重快、肉质无异味。仔猪去势可在 15~20 日龄完成，早去势应激小，伤口愈合好。瘦肉型猪性成熟晚，在高营养水平饲养条件下 5~6 月龄（体重可达 90~100kg），在性成熟之前即可上市。所以养商品肉猪可劁公猪（无异味），不劁母猪（瘦肉率高）。

（5）剪犬齿。

仔猪初生就有 8 枚小的状似犬齿的牙齿，位于上下颌左右各两枚。犬齿对仔猪本身没有影响，但由于犬齿十分尖锐，吃乳时或发生争斗时易咬伤母猪乳头或同伴的面颊。解决办法是用消毒过的剪齿钳子剪去牙齿。

（6）断尾。

为预防断奶仔猪、生长猪或育肥猪阶段咬尾现象的发生，仔猪出生后 2~3 日龄将尾断掉。方法是用消毒过的断尾钳子，在距仔猪尾根 1.5~2.0cm 处剪断，并用碘酒消毒断处。

（7）断奶。

仔猪断奶时间关系到母猪年产仔窝数和育活仔猪头数。一般工厂化、集约化养猪场，仔猪可在 4~5 周龄断奶，农村农户养猪可在 7 周龄左右断奶。仔猪断奶方法有逐渐断奶法、分批断奶法和一次断奶法。逐渐断奶法断奶前 3~4d 减少母猪和仔猪的接触与哺乳次数，并减少母猪饲料的日喂量，使仔猪由少哺乳到不哺乳有一个适应过程，以减轻断奶应激对仔猪的影响。但此种方法断奶比较麻烦，而且费工费力。分批断奶法将一窝中体重较大的仔猪先断奶，使弱小仔猪继续哺乳一段时间再断奶，以提高其断奶体重。但此种方法会延长哺乳期，影响母猪的繁殖成绩。一次断奶法断奶前 3d 减少哺乳母猪饲料的日喂量，到断奶日龄一次将仔猪与母猪全部分开。此种断奶方法来得突然，会引起仔猪应激和母猪烦躁不安，但此种断奶方法省工省时，便于操作。

第二节　断奶仔猪饲养管理

保育猪通常指断奶后的仔猪，因此阶段生长发育快、易感染疾病，需要较好的饲养管理。断奶仔猪由主要依赖母体获取营养转变为独立自主采食，营养获取方式发生了变化，因此饲料营养和品质非常重要。断奶仔猪进入保育阶段，因饲料、环境的变化和母源抗体的下降，会出现明显的应激反应，仔猪表现出采食量减少、消化能力减弱、腹泻、生长缓慢等断奶仔猪综合征。仔猪断奶后进入保育阶段，要做好饲养管理，即提供舒适较好的生长环境，供给适口性高、有营养、提升免疫力的饲料，确保保育猪正常生长，以防发生掉膘，增强抵抗疾病的能力，为下一步快速生长增重打下基础。因此，在养猪生产中，提高保育猪的饲养管理水平，最大程度降低断奶仔猪产生的应激反应，平稳度过断奶期，具有非常重要的意义。

饲养管理目标：过好仔猪断奶关，降低断奶应激，控制腹泻，提高仔猪育成率和生长速度。目前存在问题：断奶后产生应激综合征，表现为仔猪腹泻，拒食，生长停滞（甚至负增长），出现僵猪，甚至死亡。

一、保育猪的生理特点

保育猪消化饲料的能力很弱，消化系统快速发育，还未完善，容易感染各种疾病。保育猪的生理变化周期较短，非常敏感饲料的原料成分和营养物质变化。在养猪生产中，要保证保育猪的饲料基本保持稳定不变，若有改变，应随时观察发现保育猪是否有变化，并及时进行调整更换。保育猪建议选择全价颗粒饲料来满足其正常生长发育的需求，全价颗粒饲料不仅能提供全面的营养需要，还能促进保育猪快速增重，同时减轻消化系统的负担。

二、保育舍的准备工作

（1）消毒。

保育舍的消毒工作至关重要，断奶仔猪转入保育舍之前，首先用高压清洗机彻底冲洗保育床、地面、食槽、饮水器等，确保所有部位清洗到位；其次，所用用具、栏舍和设备表面喷洒火碱，保证充分浸润一段时间，然后选用广谱、高效和刺激性小的消毒液进行全面彻底消毒。保育舍所有用具和设备干燥后，再将断奶仔猪转入。保育舍实行全进全出制度，进猪前一定做好彻底消毒，全进全出能减少猪只之间交叉感染，减少疾病的传播。

（2）设施设备。

要做好设施安全检查工作。检查保育猪使用的保温箱和照明设施电线是否损坏，窗户和通风换气设备是否正常，及时修理更换饲喂槽、饮水器、栏位和加药器。

（3）温湿度。

进猪前，将保育舍的湿度和温度调整到保育猪最适宜的范围。适宜的环境温度为：断奶后 1~2 周，26~28℃；3~4 周，24~26℃；5 周后，应保持在 20~22℃。相对湿度，应保持在 40%~60% 为最佳。

三、断奶前后的饲养管理

断奶前后的仔猪饲养管理是生猪养殖过程中的关键环节。仔猪断奶阶段是疾病的高发期，仔猪的机体免疫力可能会出现下降。因此养殖人员要提高断奶前后仔猪饲养管理技术能力，这样才能确保仔猪断奶工作的正常开展。

采用高床限喂栏分娩的猪场，多采用一次性断乳法；采用地面平养分娩的猪场，最好采用逐渐断乳或分批断乳，一般 5d 内完成断乳工作。断乳后维持三不变，即：原饲料（哺乳仔猪料）喂养 1~2 周、原圈（将母猪赶走，留下仔猪）、原窝（原窝转群和分群，不轻易并圈、调群）；实行三过渡：饲料、饲喂制度、操作制度逐渐过渡，减少断奶应激。

1. 断奶前

由于仔猪生长到约 14d 时，哺乳母猪的乳汁已经无法满足仔猪的基本生长需求。因此为了确保仔猪断奶的顺利进行，应当开展相应的断奶前仔猪饲养处理工作。仔猪在准备断奶前，已经逐渐适应了外部自然生长条件，饲养人员要及时给仔猪喂食饲料，这样能加快仔猪适应自主食用饲料的进度。因此在仔猪断奶前，养殖人员要对仔猪进行相应的适应性训练，确保仔猪在断奶过程中不会出现不适应等情况。尽早补充饲料的目的是提升仔猪的肠胃功能和对硬质饲料的消化能力。对于体重偏低的仔猪，可以适当减缓饲料填充和断奶时间，当仔猪的体重满足断奶标准后，方可进行断奶，保证仔猪的发育不受影响。一般要求仔猪的体重达到 5kg 以上，同时日龄在 25~30d，这样才满足准备断奶的要求。养殖人员要在仔猪猪群中，划分出先后断奶的仔猪个体。一般情况下，相同日龄条件下，体重较大的仔猪优先进行断奶。养殖人员要准备合适的饲料，确保断奶仔猪的发育保持正常水平，可在饲料中加入适量的蛋白质和氨基酸等营养物质。

2. 断奶中

在对仔猪进行断奶的过程中，要采取循序渐进的措施，不要突然对仔猪停食母乳。养殖人员可以在断奶前将仔猪与哺乳母猪进行分时段隔离饲养，目的是降低仔猪与哺乳母猪的接触时间，从而提高仔猪的断奶适应性。这种断奶方式比较科学，对仔猪产生的负面影响比较小，是目前运用比较广泛的断奶饲养管理技术。还有一种断奶方法，即一次性断奶措施。如果仔猪猪群的体重等参数比较接近，没有明显差异性，养殖人员将仔猪和哺乳母猪一次性分开养殖，隔断仔猪和哺乳母猪的接触。这种断奶方式具有效率快、节约养殖人员的劳动力和劳动时间，但不足之处是容易造成仔猪出现比较明显的应激反应，仔猪可能会表现出烦躁不安的情绪，容易降低饲料进食量，影响体重正常生长。

对仔猪进行断奶，养殖人员要控制母乳喂养次数。根据仔猪的个体情况，在断奶前 3~5d 降低母乳喂养次数。需要注意的是，在断奶当日需要停止喂养母乳，隔断与哺乳母猪的接触，这样能降低仔猪在断奶出现应激反应情况的概率。养殖人员将仔猪留在圈舍内，将哺乳母猪赶出圈舍，仔猪在原圈舍内再待 3~5d 后，再带出圈舍喂养，这样能避免仔猪在断奶过程中出现应激反应。养殖人员在仔猪断奶时需要配制合适的饲料，饲料的喂食量要逐渐增加。在断奶第 1d，养殖人员要喂食仔猪进食总量 20% 的猪饲料，在断奶当日约喂食仔猪进食总量 70% 的猪饲料，在断奶后 3~4d 则隔断母乳喂养，全部喂食猪饲料。

养殖人员要做好猪舍的通风与清理工作，炎热的夏季要做好防暑降温、通风消毒的工作，寒冷的冬季要做好仔猪猪舍的御寒防风工作。如果猪舍内温度不合理，容易影响仔猪的正常生长，情况严重还会造成仔猪由于机体调节紊乱出现症状。一般情况下，猪舍内温度需要控制在 22~27℃，同时要确保猪舍内温度保持恒温状态，这样能避免猪舍内出现温度突然失衡等问题发生。养殖人员要加强对仔猪的日常监管，观察仔猪的行为；定期更换草垫，避免草垫使用时间过长而滋生细菌。

3. 断奶后

仔猪在断奶后的主要饲养管理工作是防止仔猪出现腹泻。由于仔猪的肠胃系统还未完全建立，突然间由母乳喂养转化为饲料喂养，容易出现胃肠不适，最终导致腹泻。严重的腹泻会影响仔猪的正常生长，导致免疫系统出现问题，从而使仔猪出现疾病。养殖人员要对饲料进行消毒、霉菌毒素脱毒处理，确保饲料中的致病菌数量减少；对饲料槽、饮水槽、排泄物等进行消毒与处理，防止未食用的饲料和未处理的排泄物内出现寄生菌等致病细菌；注意防止流行病的发生，根据实际情况采取相应的防治措施，降低仔猪的患病概率，确保仔猪断奶的顺利进行。如果出现腹泻等疾病后，要对症下药，同时避免仔猪由于用药不合理出现病毒耐药性。

断奶后 5~6d 内要控制仔猪采食量，以喂七八成饱为宜，实行少喂多餐（一昼夜喂6~8次），逐渐过渡到自由采食。投喂饲料量的总原则是在不发生营养性腹泻的前提下，尽量让仔猪多采食。实践表明，断奶后第1周仔猪的采食量平均每天如能达到200g以上，仔猪就会有理想的增重。

四、保育仔猪的饲养管理

管理关键点：断奶仔猪的生长性能决定育肥猪的上市时间，若要获得良好的断奶后生长性能，必须从营养、环境、疾病等多方面进行综合管理，偏重任何一方都不会获得理想效果。

昼夜供给充足的清洁饮水，并在断奶后7~10d内的饮水中加入新霉素、利高霉素、水溶性电解质等，促使仔猪采食和生长，防止仔猪喝脏水，引起腹泻；将每窝的弱仔猪挑选出来进行单独饲养，提高保育猪的整齐度；按程序及时进行防疫、用药和驱除体内外寄生虫；每天检查猪只采食、饮水、健康状况，及时处理病、残、死猪；实行全进全出制管理，打破疾病在猪群之间的传播；要特别防止水肿病，繁殖与呼吸道综合征病毒引起的肺炎，沙门氏杆菌引起的肠炎、败血症，链球菌引起的多发性浆膜炎、脑膜炎及关节炎，以及断奶后多发性全身消瘦综合征（PWWS）。对发病猪要隔离治疗，特别照管，连续治疗3~4d仍无明显效果者予以淘汰捕杀；保持适宜密度，并群时夜并昼不并；要特别注意防止咬尾、咬耳等异食癖现象。

1. 分群与调校

分群要尽量按照体重相近、同窝同圈的原则，体重较小和生长发育较弱的仔猪应挑选出来单圈饲养。体重相近、同窝同圈的原则可以减少仔猪精神上刺激和产生的情绪不稳定，还能减少相互咬斗造成的机体受伤。

保育猪分群后尚未形成固定的采食、排泄和睡卧的位置，短时间内调教将有利于后期的饲养管理。分群后应及时调教和训练，使保育猪能识别区分采食、排泄和睡卧区，这样可减少有害微生物的繁衍滋生，还能保持保育舍的环境卫生清洁。如果采用自动料槽和饮水装置，经短期内调教，保育猪将适应采食和饮水。

2. 饲养管理

保育猪的采食以自由采食为主，要确保食槽中有剩料，但不能剩余太多，剩余变质后被采食将引起腹泻。仔猪转入保育舍，为减少更换饲料引起的应激，首先用代乳料饲喂，然后逐渐更换过渡到保育饲料。保育饲料要妥善保管并少量多次添加，确保采食到的饲料新鲜未变质。饮水要保证温热，确保管道流通，定期更换水箱中的水。

保育舍冬季应有供暖设备和温热的保育床，防止保育猪睡卧时受冷着凉。冬季要减少冲洗保育舍的次数，猪舍内要保持适宜的湿度，防止湿度过大造成皮肤病和腹泻，也要防止湿度较小产生过多的粉尘而引起呼吸道疾病的发生。要加强通风换气，及时清理打扫猪舍，降低猪舍 CO_2、SO_2 和 NH_3 等有害气体的浓度，防止对保育猪呼吸道造成刺激，减少呼吸道疾病的发生。

保育舍内，猪只的饲养密度越大，较容易引起拥挤，空气质量下降，呼吸道疾病多发和饲料利用率降低。但是在寒冷季节，猪舍供暖设备跟不上，饲养密度较小时，会造成猪舍小环境温度偏低，保育猪维持需要增多，甚至受冷发病，影响正常的生长。规模化养猪场要求保育舍每头仔猪的占有面积为 $0.3 \sim 0.5 m^2$，单圈饲养保育猪 $15 \sim 20$ 头为宜，尽量不多于 25 头。保育舍最好采用半漏缝或漏缝地板。

第三节　仔猪无抗饲养的关键点

猪生产中有很多管理措施可以补救因停止使用抗生素生长促进剂而带来的负面影响。这些措施中最重要的是重新设计日粮配方，这也是相对容易的，有时生产者可以立刻调整配方而不明显增加日粮成本。

猪应当在 $21 \sim 28$ 日龄断奶，采用全进全出生产制。必须遵循正常的生物安全程序以防引入病原菌。保持恰当的温度，确保猪有足够的空间，并尽量减少来自不同母猪的仔猪混群以减少应激。但值得注意的是，如果不使用抗生素生长促进剂，虽然仔猪疾病和死亡率不会增加，但是收益可能会减少，因为不使用预防性抗生素来防止疾病的成本比使用抗生素生长促进剂的成本高。

停止使用抗生素生长促进剂将会降低仔猪的生长性能，增加断奶仔猪的健康问题。然而，大量研究表明，当停止使用抗生素生长促进剂时，只要有正确的管理策略，断奶仔猪的生长性能则不受影响。然而不是所有生产者都能够将所有的策略都加入他们的特定系统中，但是其中一些管理策略被证明可以被大多数生产者有效地实施。

目前，为促进仔猪的生长，仅凭单一的配方技术、饲养管理或饲料添加剂是不能取得与使用抗生素同样效果的。国外抗生素禁用后导致养殖成本增加，生产性能降低，但最后通过各个环节的不断改进，最终克服了抗生素禁用带来的负面影响。生产试验证明，减少这些抗生素的使用需要一套综合的策略。以下总结了几种提高断奶仔猪生产性能的饲养管理和营养性策略。有些策略不管断奶日粮中是否含有抗生素都同样适用，而有些策略则只在不含抗生素的情况下适用。

一、及早补料

目前集约化猪场多采用 21 日龄或 28 日龄断奶，在断奶之前，仔猪的主要营养物质来源是母猪的乳汁，一般仔猪出生 20d 之内母猪的乳汁可满足仔猪的营养需要，仔猪 20 日龄之后才以饲料为主要的营养来源。仔猪在断奶之前采食的饲料量非常小，由饲料提供的营养物质有限，但补料的作用却不容忽视。

首先，仔猪早期补料可以起到及早锻炼仔猪的胃肠道消化能力。初生仔猪生长速度快，早期主要是机体骨骼的生长和消化道的健全。仔猪胃肠道的发育很大一部分是在出生后，仔猪出生到断奶之前的主要营养来源是母乳，但其肠道发育与消化酶分泌功能的启动需要依靠补充适量的饲料。仔猪采食饲料后，可以通过刺激胃壁分泌胃液，帮助仔猪形成胃液的反射性分泌。同样的，酶的合成系统也是逐渐完善的，胃蛋白酶直到 30d 后才逐渐增多。仔猪早期补料能够训练仔猪及早采食，促进胃肠发育，防治下痢，提高机体抵抗力，缩短断奶适应期。

其次，补充仔猪快速生长的需要。母乳可以提供仔猪 20 日龄前的营养需要，之后就不能满足仔猪需要，需要通过饲料为仔猪提供一定的营养物质。为了减少断奶应激，需要在 7~10 日龄开始给仔猪补料，帮助仔猪及早认识饲料，以弥补母乳的不足。

此外，早期补料能够降低断奶后的应激，提高仔猪免疫力的作用。仔猪断奶后由母乳变为采食固体饲料，由于应激、环境等原因造成一段时间的生长停滞，如果此时营养跟不上，可能造成胃肠道不适应对颗粒饲料的变化，出现腹泻、掉膘、生长缓慢等，严重者变成僵猪。

二、适宜的断奶日龄

1. 抗生素与断奶日龄

为了减少疾病的传播，早期断奶被国内外广泛应用。早期断奶能缩短产仔间隔，增加每年每头母猪的产仔窝数和断奶仔猪数。然而，早期断奶（21 日龄前）会增加死亡率、仔猪异常行为和降低生产性能。相比晚断奶的仔猪，早期断奶仔猪生产性能降低的原因可能有以下几点：胃肠道发育不完全；养分利用率低下；疾病抵抗力不足；不成熟的免疫系统；肠道屏障功能弱；小肠形态的不利变化和对环境应激的高度敏感性。据报道，相对于 28 日龄断奶仔猪，21 日龄断奶仔猪具有更高的回肠 pH 值和更少的乳酸菌数，而较高的肠道 pH 值有利于病原菌（如大肠杆菌等）的生长。7 日龄或 14 日龄断奶仔猪会显著增加腹泻、同圈猪只间撕咬等异常行为表现，同样会造成生产性能的降低。在含有抗生素的断奶仔猪日粮的试验中，生产性能和养分消化率随着断奶日龄的增加（14~28d）而线性增加。相对于 15 日龄，20 日龄断奶仔猪有更高的日增重和采食量以及更低的发病率。可能由于随着日龄的增长，猪体内会产生更多的消化酶，促进养分的消化吸收，从而获得更多的增重。因此，许多研究报道都证实，随着断奶日龄的增加，断奶仔猪生产性能随之提高。然而，这些试验大部分是在日粮中含有抗生素的情况下进行的。在断奶日粮不含抗生素的试验中，断奶后 6 周，16~21 日龄断奶仔猪的日增重、采食量和饲料转化率都显著高于 11~16 日龄断奶的仔猪。当断奶仔猪感染肠道毒素大肠杆菌时，提高断奶日龄（6 周 vs 4 周）可防止生产性能降低和改善肠道健康。这一观测与早期断奶仔猪具有不成熟的免疫系统一致。有研究发现，4 周龄断奶仔猪比 3 周龄断奶仔猪有更好的生产性能和养分消化率，然而 4 周龄时的腹泻发生率也会因为更大的采食量而增加，不过腹泻会更迅速地消失。在丹麦的无抗生素断奶日粮中，相对于 26 日龄，33 日龄断奶仔猪在 81d 时有更大的体重、更小的死亡率和腹泻率。35 日龄断奶较 29 日龄断奶用于腹泻的治疗同样降低。综上所述，在丹麦基于所有生产参数的经济学分析，提高断奶日龄从 4~5 周就会减少利润，因为减少了每年每头母猪的产仔数。美国的试验表明，增加断奶日龄（12~21d）会增加利润。因此，3~4 周龄断奶能让利润最大化，晚于 4 周或早于 3 周似乎都没有技术或经济上的优势。从丹麦的试验中，可以推断在不含抗生素的断奶日粮中，4 周龄断奶能让利润最大化。

2. 延迟断奶

使用饲用抗生素的其中一个理由通常是需要加入实行 2~3 周龄断奶制度的刚断奶的仔猪日粮中。此年龄段的仔猪，其主动免疫系统还未发育完全，且主要依靠母猪提供的基于液态乳汁的日粮。此时断奶会给猪带来不少麻烦。如果断奶推迟到 3~5 周龄，主动免疫系统将得到充分的发育，而能够很好地保护仔猪抵御致病性病原菌的侵入。如果仔猪在 4~5 周龄断奶，它们可以在断奶前采食大量的教槽料，使得在由液态日粮转换为固态的且主要为植物源性日粮时产生更少的应激。因此，对日粮抗生素的需求会减少，猪不使用抗生素就有可能成功断奶。

推迟断奶的缺点是猪场需要更多的产床，因为母猪会在产房中待更长的时间。与之相对的是，保育舍内的猪饲养空间需求将会减少，刚断奶时对昂贵开口料的需求会更少。如果母猪在分娩后 4~5 周而不是 2~3 周断奶，它们在下一窝产仔时会产出更多的活仔，并且会缩短断奶到配种的间隔时间，非生产天数也会减少，分娩率更高。因此，母猪场的总体经济效益不可能会下降，当然还需要研究来证实这一假设。

三、早期隔离断奶

1. 早期隔离仔猪

早期隔离断奶是指仔猪在低于 14～16 日龄断奶，将仔猪转入到一个干净、空旷、消毒的栏舍中饲养。有人认为，这种早期断奶方式可以阻止病原菌从母猪传给仔猪，因为仔猪仍受母源抗体的保护。大量研究表明，干净的栏舍是防止新生断奶仔猪受到感染的关键。如果仔猪在同一日龄断奶，那么隔离断奶比起传统的就地断奶能提高增重。同样，相比于 20～28 日龄就地断奶，早期隔离断奶（10～14 日龄）能提高仔猪日增重和采食量。7～10 日龄隔离断奶仔猪在 28 日龄和 50 日龄时要比 14～17 日龄就地断奶仔猪分别重 6.3kg 和11.2kg。这充分说明，隔离断奶的益处不受断奶日龄的影响。隔离断奶提高生产性能可能由于减少了猪免疫系统接触病原的机会，因为仔猪接触抗原容易引起生长和采食量的下降。这一假设与刺激免疫系统会降低仔猪生产性能一致。但隔离断奶并不能阻止全部的病原由母猪传递给断奶仔猪。事实上，比起传统断奶仔猪，早期隔离断奶仔猪更易感染疾病，因为隔离断奶仔猪减少了与抗原的接触，从而降低了猪群免疫的潜力。据报道，相对于就地断奶仔猪，由接种免疫引起的免疫刺激会降低隔离断奶仔猪的生长速度。这表明，隔离断奶仔猪如果遇到抗原刺激会有更大的抗原反应。因此，隔离断奶仔猪生产性能的提高必须建立在猪群健康状况得到保障的前提下。有研究表明，更清洁的断奶环境能提高仔猪的生产性能。据此，隔离断奶仔猪所获得的更好的生产性能可能由于全进全出断奶设施中猪群良好的清洁和消毒。如果就地断奶的设施能达到隔离断奶水平，那么两者的生产性能会非常接近。总之，不管是隔离断奶还是就地断奶，仔猪都应该进入清洁的全进全出设施中。因为比起持续流动的生产系统，断奶仔猪进入全进全出的生产系统能提高猪群健康状况和生产性能，同时降低对免疫系统的刺激。

2. 按胎次隔离母猪

目前，有一种特殊的提高断奶仔猪健康状况的隔离断奶方法，即按胎次隔离母猪。所有初产母猪被隔离饲养，而其他胎次的母猪则一起饲养，初产母猪一旦第一胎生产完成就被引入其他胎次的母猪群中。这个方法的优点在于能够按照初产母猪的需要统一管理，因为他们的营养需要与其他胎次母猪不同。初产母猪所生产的断奶仔猪被统一饲养管理，而不与其他胎次母猪所生产的仔猪混在一起，这有利于降低两者总的疾病发病率。但这种将初产母猪和其他胎次母猪隔离饲养的方法通常只能在大型养殖场应用。断奶仔猪日粮中不使用抗生素的情况下，控制病原菌显得尤为重要。因此，隔离断奶和全进全出生产系统能降低抗生素禁用对断奶仔猪的影响。

四、全进全出生产

全进全出制是指所有的断奶仔猪转入到一个干净的消毒处理的畜舍内，不考虑断奶日龄。如此看来，畜舍环境卫生和严格的生物安全是断奶仔猪避免感染和疾病挑战的重要因素。这些条件在隔离断奶系统中比较容易执行，但如果在非隔离状态下也能做好这些工作，那么断奶前从母猪转移至仔猪的潜在病原菌在新生断奶仔猪发病的机会就很小。

对那些没有条件实施隔离断奶和全进全出制的生产者可以将各日龄阶段的猪群分置不同的畜舍。如果严格按照生物安全标准执行，并禁止将动物从一个房间转移到另一个，这种方式可以起到同隔离断奶一样的效果。

与非隔离断奶相比，通常隔离断奶会增加猪只转移、饲料和人力成本，也可能会增加相关的建筑成本。然而，如果非隔离断奶结合断奶—育肥生产系统模式，将会减少这些额外成本。截至目前，还没有广泛的经济分析可用来描述涉及的每一项实际成本，因此很难进行非隔离断奶或者全进全出隔离断奶的经济性比较。

五、断奶后限制饲喂

断奶仔猪如果自由采食，会采食超过小肠可以消化的饲料量。未消化的日粮养分会进入大肠成为微生物的发酵底物，这将促进有害微生物的生长和发酵，导致腹泻等肠道疾病。因此降低断奶腹泻的一种可行办法就是限制断奶后一段时间内的采食量。相比于自由采食，限饲能降低断奶后腹泻的发生率和溶血性大肠杆菌的增殖。按正常喂料量的85%给料能使断奶仔猪腹泻发生率降低40%和腹泻严重程度降低33%。此外，比起自由采食，限饲的断奶仔猪也能更快地从腹泻中恢复。同样地，断奶后3~8d限饲也能降低腹泻的发生率，降低溶血性大肠杆菌的增殖和死亡率。在整个断奶后期，比起断奶后自由采食仔猪，当断奶后第9d恢复自由采食的限饲仔猪具有更低的腹泻发生率和严重程度以及大肠杆菌的增殖。丹麦的一个试验观察到，在断奶后14d，比起自由采食，75%限饲能使腹泻发生率降低50%和腹泻治疗减少56%，从而降低死亡率。因此，大量的证据表明，断奶后立即限饲能降低腹泻发生率，但与自由采食相比，限饲会降低生产性能。如果限饲仔猪在断奶后期恢复自由采食，生长延迟能通过补偿生长得到改善。断奶早期限饲仔猪和自由采食仔猪达到90kg体重的日龄完全相同。增加每日的饲喂次数（如从1~2次到4~8次）能降低限饲的负面影响。限饲通常也能提高饲料利用率和养分消化率。如果抗生素不再用作控制断奶后腹泻，虽然仔猪生产性能会降低，但是限饲仍可以作为一种替代选择。

限饲通常会增加劳动成本，需要增加饲喂次数来防止猪一次采食过多。但是，降低了腹泻率、死亡率，避免了抗生素治疗，并提高饲料转化率，这样的补偿远超过增加的劳动成本。

六、良好的生长环境

断奶仔猪所处的环境对其福利和整体健康有很重要的作用。尽可能设计减少应激和病原菌暴露的设施。由于活动空间有限，不同猪群混养在一起，不舒适的环境温度、被污染的空气和较差的生物安全系统等，在断奶时，仔猪会面临各种各样的应激和病原菌的感染。这些应激因子和病原菌感染的联合叠加效应将加大对仔猪生长性能的伤害。因此，如果能够减少仔猪生长环境中的应激因子，那么仔猪健康状况将得到提高。饲养密度过大会增加猪群应激，从而影响断奶仔猪的采食量和生长速度。有研究者建议，每头断奶仔猪的活动面积至少在 $0.34m^2$，但是如果不使用抗生素，则需要更大的活动面积。同时应避免来自不同农场的断奶仔猪混群饲养，因为一些断奶仔猪可能携带某些特异的病原，而其他仔猪没有这些病原的抗体，这样就会导致疾病的暴发。为减少断奶仔猪的应激，应尽量避免不同胎次的断奶仔猪混群。据报道，不同胎次断奶仔猪混群会降低生长速度，增加仔猪异常行为，给仔猪造成伤害，从而增加仔猪疾病的易感性。在避免不同胎次断奶仔猪混群的前提下，通过性别分组饲养能进一步降低混群后仔猪之间的打斗和攻击行为。在断奶前可混群的分娩设施也能降低仔猪断奶后的攻击行为。环境温度控制十分重要，因为仔猪断奶后会经历低采食量和环境应激以致对低温应激非常敏感。低温应激和贼风易使断奶仔猪腹泻。断奶后 2~3 周的最适温度控制在 26~28℃，且温度应随仔猪采食量的变化而适度调整。猪舍中空气污染物的浓度与猪群生产性能和健康关系密切。但是目前大部分猪舍通风系统只能控制空气湿度和温度。因此，目前迫切需要一种能净化空气中污染物、有害气体、臭气、空气中病原体的高效通风系统，以此来减少呼吸道疾病和提高猪群健康状况。有报道发现，在低浓度的氨气、二氧化碳和尘埃的猪舍中，断奶仔猪具有更高的采食量和生长速度，且血浆中应激因子的浓度更低。持续的清洁饮水也很关键，且流速应维持在 $0.5~0.7L/min$。虽然饮水器类型不会一直影响猪只采食量，但是比起乳头饮水器，碗状饮水器能在断奶初期增加采食量和减少腹泻。在不使用抗生素的情况下，需要实施更严格的生物安全措施，因为不使用抗生素的农场对病原菌的传播更加敏感。新引进的仔猪和运输车辆进入农场区域是最常见的 2 种病原菌来源，因此运输车辆必须经过清洗消毒才能进入农场。同日龄的仔猪被隔离断奶后，与其他日龄组仔猪分开饲养，这样可以降低病原菌的交叉污染。总之，良好的饲养环境能通过减少各种可能的应激因子和病原菌感染来提高断奶仔猪健康状况和生产性能。值得注意的主要有以下几点：人员和运输车辆的生物安全，苍蝇和老鼠的控制；猪场间的混群必须避免，同一猪场内的混群也应尽量减少；尽可能提供空间宽敞、温暖、清洁和无贼风的猪舍环境。

给动物提供一个热中性区域的温暖、无贼风环境至关重要。因此，正确调控加热系统和通风系统对确保猪舍内的温度、湿度和空气流通处于最佳范围极其重要。空气中氨气、硫化氢和其他有害气体的含量也应得到有效的控制。

七、尽量减少并群

在保育舍或生长育肥舍，应绝对避免将来自不同猪场的猪进行并群，因为这些猪带有不同的病原菌，并且免疫保护水平也不同。即使来源于健康状况相似的不同母猪场的仔猪，情况也是如此。来自同一猪场的猪，如果有可能也应尽可能避免并群。然而，出于实际生产需要，断奶后进行一定程度的并群通常是必需的。应尽可能地减少把猪从一个猪圈转移到另一个猪圈的转群，更不允许发生猪舍间的转移并群。使用断奶-育肥系统而非传统的 3 点式生产系统，可以减少仔猪进行转群和混合的次数。

第七章　仔猪环境控制新策略

　　我国生猪生产水平明显低于畜牧业发达国家，疫病频发和生产力低下是制约我国生猪生产的主要因素。猪生产力和健康取决于猪种、饲料、管理、疫病和环境五大因素，其中环境已成为我国养猪生产中变数最大、最关键的因素。此外，环境条件差、福利状况不佳引起的应激，不仅是造成仔猪成活率低的重要原因，也可以导致猪机体免疫力和抵抗力下降，易感性提高，容易引发各种疫病。猪舍舍内环境状况除取决于猪舍建筑和环境调控设备外，也受猪场场区环境、场地周围环境的制约，因此猪舍环境的改善必须从多方面采取措施。

第一节　场区环境控制策略

一、猪场建设整体规划

　　正确选择猪场场址、合理规划布局猪场场地、搞好场区绿化规划设计，是猪场建成投产后获得良好环境效果的保障。

　　选择猪场场址，应从地形地势，与工厂、居民点及其他牧场的相对位置和距离、交通、水源和土壤卫生、能源饲料供应、粪污就地消纳、产品销售等多种因素综合考虑，选择适宜场址可减少或防止周围环境和牧场之间的相互污染。合理规划场地，一般将场区分场前区、生产区、隔离区 3 个功能区，道路分设净道和污道（尤其在人工清粪的猪场）。做好场区绿化，绿化可以调节场区温湿度、风速，减少空气中恶臭、细菌、尘埃含量和 CO_2 排放量，改善场区空气质量。猪场建筑物布局应考虑功能关系和防疫，根据风向、地势，安排 3 个场区及各类猪舍，注意猪舍间距、朝向和选猪、出猪设施的位置。猪场的合理规划布局既方便生产，又有利于猪场防疫。

1. 选址

（1）地形地势。

规模猪场应选在国家有关法律法规规定的禁养区以外，并符合当地政府用地规划。地形坐向为坐北朝南，地势整齐开阔、干燥、平坦或有缓坡，背风向阳，山区应选择相对容易隔离地段。

（2）水源。

场地应有水质良好、水量充足的水源，能满足生活和生产用量要求。

（3）供电。

要求距离电源近，节省输变电开支，供电稳定，少停电。如果当地电网不能稳定供电，大型猪场应自备相应的发电机组。

（4）交通运输。

要求交通便利，但为有利于卫生防疫，又不太可能靠近公路、铁路等交通干线，最好距主干道400m以上，同时距离村庄、公共场所和水源地500m以上。

（5）面积。

猪场占地面积依据猪场生产的任务、性质、规模和场地的总体情况而定。生产区面积一般可按繁殖母猪 $40 \sim 50 m^2/$ 头，商品猪 $3 \sim 4 m^2/$ 头计算（表7-1）。

表7-1　猪场建设占地面积　　　　　单位：m^2（亩）

建设规模	100头基础母猪	300头基础母猪	600头基础母猪
用地面积	5 333（8）	13 333（20）	26 667（40）

2. 规划布局

（1）总体规划。

规模猪场在建设前应作近期规划和远期规划，以方便生产和利于防疫，为猪场的未来发展留有充足的空间，确保猪场的可持续发展。

（2）合理布局。

猪场建设要按照节约土地、满足生产的总体要求，因地制宜，科学合理布局。一般包括生产区、管理区、生活区、隔离区、污物处理区、兽医室及道路，各功能区要有一定的间距，并设有隔离带。

（3）生产区。

生产区的布局应根据当地的自然条件，充分利用有利因素。在生产区的入口处，应设专门的消毒间或消毒池，以便对进入生产区的人员和车辆进行严格消毒。生产区按生产系统原理分为繁殖区、保育区和育肥区，各区之间应设隔离带，繁殖区设在人流较少和猪场的上风向，依次按照种公猪舍、待配舍、妊娠舍、分娩舍、保育区和育肥区排列布局。其中哺乳母猪舍及保育猪舍建筑面积见表7-2。

表7-2　猪舍建筑面积　　　　　　单位：m^2

建设规模	100头基础母猪	300头基础母猪	600头基础母猪
哺乳母猪舍	226	679	1 358
保育猪舍	160	480	960

注：表中数据猪舍跨度为8m

（4）管理区。

包括猪场生产管理必需的附属建筑物，如饲料加工车间、饲料仓库、修理车间、变电所、锅炉房、水泵房等。管理区和日常的饲养工作有密切的关系，应该与生产区毗邻建立。

（5）生活区。

包括办公室、接待室、财务室、食堂、宿舍等。生活区应单独设立，一般设在生产区的上风向，或与风向平行的一侧。此外猪场周围应建围墙或设防疫沟，以防兽害和避免闲杂人员进入场区。

（6）隔离区及污物处理区。

隔离区及污物处理区应远离生产区，设在下风向、地势较低的地方，以免影响生产猪群。

（7）兽医室。

兽医室应设在生产区内，只对区内开放，为便于病猪处理，通常设在下风向。

（8）道路。

场内道路应设净道和污道，二者互不交叉，出入口分开。净道功能是人行和饲料、产品的运输，污道功能是运输粪便、病猪和废弃设备。

3. 建设要求

猪舍建筑宜选用有窗式或开敞式，檐高 2.4~2.7m；舍内主通道宽度不低于 1.0m；猪舍围护结构能防止雨雪侵入，能保温隔热，避免内表面凝结水气；舍内墙面应耐消毒液侵蚀；屋顶应设隔热保温层，屋顶传热系应小于 0.23W/（m² · K）；建筑耐火材料等级符合建筑设计防火规范 GB 50016 和农村防火规范 GBJ 39 的要求。

4. 规模猪场建议采用 "多点式" 建设

较大规模猪场可分别建繁殖场、保育场和育肥场，场间相距 1km 以上距离。以避免猪群间的垂直感染和交叉感染，有利于疫病控制，尤其有利于仔猪生长。保育场和育肥场都可以做到整栋猪舍的 "全进全出"，有利于猪舍彻底消毒和防疫。

5. 采取 "全进全出" 转群，并配套 "单元式" 猪舍建筑

具有一定规模并实行常年均衡产仔的猪场，可将 1 周或半周内需要转群的某猪群的头数设计为一栋（1 200 头母猪或更大规模）或一个单元（200~600 头母猪），在限定的时间内转进装满，该猪群饲养阶段结束时同时转出，之后，该栋或该单元猪舍空舍 1 周进行彻底清洗消毒，准备再转入新群。规模较小（如 200~300 头基础母猪）的场，这种 "全进全出" 的转群方式应至少用于产房和保育舍。以 300 头母猪场产房为例，产前 7d 进产房、哺乳 28d，空圈消毒 7d，则产房需设 6 个单元，每单元 12 个产栏，1 周内装满，第 5 周末同时断奶、同时转出，然后对该单元产房进行彻底的清洗消毒。保育期为 35d 时，保育舍也设置和产房相同数量的单元，同一批断奶仔猪转入保育舍同一单元。这样产房和保育舍都能做到整单元舍的 "全进全出"，便于卫生防疫和消毒。

二、粪污处理

猪场的环境与粪污处理有直接的关系，粪污处理方式得当会有效改善猪场环境。

1. 清粪方式

猪舍空气质量、猪场粪污处理利用的难易，在很大程度上取决于猪舍的清粪工艺。提倡所有猪舍采用"干清粪"工艺和设施，使粪和尿、污水在猪栏内得以分离，粪便和污水及时清除和排出猪舍，立即进入堆肥和污水处理设备，既可保障猪舍和场区环境卫生和空气质量，还能保存粪便中肥分，大大减少污水产生量，减小污水污染物浓度，降低粪便、污水处理和利用的难度。采用水冲粪、水泡粪和干清粪工艺的 600 头基础母猪的猪场，日排污水量分别为 $200 \sim 250 m^3$、$120 \sim 150 m^3$ 和 $50 \sim 80 m^3$，污水 BOD_5 浓度分别为 $4\,000 \sim 7\,000 mg/L$、$8\,000 \sim 12\,000 mg/L$ 和 $1\,200 \sim 1\,500 mg/L$。因此，干清粪工艺是实现猪场资源节约和循环利用、改善舍内外环境、防止环境污染的有效措施，得到了业内人士的普遍认可。

采用水冲或水泡粪工艺既耗水耗能，同时舍内环境调控和粪污处理设备不配套时，往往严重污染周围环境，并对猪场自身造成很大威胁。

2. 堆肥处理

堆肥过程中，有机氮化物分解产生氨气，氨气溶于堆体物料形成铵态氮主要是通过微生物的氨化作用。堆体的 pH、通气条件、温度以及氨化、硝化和反硝化微生物活性等影响着铵态氮含量。在堆肥过程中，铵态氮不仅作为细胞生长的氮源供微生物同化，同时能被硝化微生物转变成硝态氮，并且发生反硝化从而脱氮损失，另外还可以通过氨气挥发的途径损失。有研究发现，在堆肥中添加微生物菌剂能够减少氮素损失、提高堆肥肥效，还可以加快发酵进程以及有机物质分解转化、提高堆体温度，从而达到无害化处理要求。铵态氮会随着有机质的矿化而增加，峰值出现在高温阶段，随后迅速下降。铵态氮呈先上升后下降的趋势，在高温后期添加菌剂后，单添加白腐真菌处理

（F）的氨氮有一个上升的小峰值。这有可能是白腐真菌加速了木质素、纤维素分解，提高堆肥氮素含量，并且促进了堆肥过程中磷的可溶性。另外，接种白腐真菌能够促进氮源转化为硝态氮，降低氮源向铵态氮的转化，减少氮的挥发，从而降低氮素的损失，提高堆肥质量。随着时间的延长，堆肥的全氮含量总体呈现下降趋势。研究表明，在有机废物堆肥过程中的氮损失达 16%~76%，其中绝大部分是由氨挥发所致。全磷和全钾含量在堆肥过程中的变化趋势相同，均随着有机质的降解呈逐步增加的趋势，添加白腐真菌后堆肥中磷的含量增加更多。

堆肥有利于抗生素的降解。有研究表明，残留的四环素类抗生素在堆肥过程中均能被迅速降解。抗生素在堆肥前期降解速度较快，前 15d 土霉素和四环素的降解率都达到了 50% 以上。添加外源菌剂（如白腐真菌），能加速四环素的降解，这是由于白腐真菌产生的天然木质素过氧化物酶和锰过氧化物酶对四环素有很强的降解能力。

第二节　猪舍环境控制策略

猪舍环境是影响猪只健康和生产力水平的重要因素。标准化规模化猪场的环境控制主要包括猪舍内有害气体的减排、冬季供暖通风和夏季降温。猪舍内有害气体的减排措施主要包括猪舍内采用合理的地板类型、增加清粪频率和调整饲喂方案等；猪舍冬季供暖通风主要应从提高猪舍围护结构的保温节能效果和配置必需的供暖设施并合理组织通风几个方面同时着手；猪舍的夏季降温应从提高猪舍围护结构的隔热性能并采取适宜的降温措施综合考虑。

一、猪舍建筑

不同气候区对猪舍的防寒防暑要求不同，则猪舍建筑材料选择、保温隔热设计及猪舍样式也应区别对待。猪舍建筑不能单纯追求低投资，必须从投资和运行成本、环境效益、节能减排等方面综合考虑。

1. 加强猪舍围护结构的保温隔热设计

猪舍建筑要重视并提高猪舍外围护结构的热工性能（即保温隔热性能），这是改善舍内环境、实现节能减排的根本措施，即使一次性投入有所增加，综合效益也是合理的。目前复合彩钢聚苯板因其保温性能好、施工快捷，被广泛用于畜舍墙体和屋顶，但须根据当地气候决定保温层厚度。砖墙还是各地应用较多的猪舍材料，若在猪舍砖墙外贴保温板，则保温性能会大大提高。

2. 猪舍样式、朝向、跨度、层高等对环境的影响

根据各地区气候特点，选择适宜的猪舍朝向，综合考虑日照和通风，猪舍纵墙和屋顶冬季多接受太阳辐射，夏季减少太阳辐射；尽量减少猪舍冬季冷风渗透，使夏季通风均匀，避免冬季和夏季盛行风与猪舍纵墙垂直。我国多数地区以坐北朝南，或南偏东、西不超过30°为宜。

猪舍跨度越大，外墙面积相对越小，有利于保温。但完全采用自然通风、自然光照时，猪舍跨度不宜超过8m，自然与机械通风结合的猪舍跨度不宜超过12m。猪舍越高，外墙面积相对越大，不利于保温，但有利于防暑和通风。因此，寒冷地区猪舍可适当降低高度（2.1~2.7m），炎热地区适当增加猪舍高度（2.4~3.0m）。

3. 哺乳母猪舍建筑和配套环境调控方式

哺乳母猪和仔猪对猪舍温度的要求不同，大猪怕热、小猪怕冷，因此，目前多采用小猪局部供暖的方式，以仔猪保温箱为主，采取仔猪局部地板铺电热板、保温箱顶加电热膜、红外灯取暖等局部供暖方式，也可结合仔猪地板供暖。寒冷地区冬季分别在母猪和仔猪躺卧区加地板热水供暖其效果不错。在母猪躺卧的中前部设实体地面，地面下加供暖热水盘管，尾部设漏缝地板，下设粪沟，便于清粪。哺乳母猪舍的夏季降温较为困难，要分别考虑仔猪、母猪的温度要求，因此，在哺乳母猪舍可采用正压通风与降温相结合的方式，如采用湿帘风机一体机，将降温的空气通过管道送至舍内，在母猪栏上方管道上开孔，定点局部降温，同时控制风速不能过大。哺乳母猪舍饲养密度相对较低，通风压力小，通风方式可参考空怀、妊娠母猪舍，以横向

通风或热回收换气相结合的通风更为可行。

4. 保育仔猪舍建筑和配套环境调控方式

保育猪舍应满足保育猪的温度要求，然而许多猪场过分强调保育猪保暖，却忽略了猪舍的通风需求。猪舍通风不良，氨气浓度高，刺激呼吸道黏膜，加之空气缺氧污浊，微生物含量高，很容易诱发各种呼吸道疾病。目前许多猪场防治仔猪呼吸道疾病更注重用药，但不注意通风换气。冬季通风易使舍温快速降低，舍温波动大，易使动物发病，尤其仔猪更为敏感。目前许多猪场、猪舍主要靠自然通风方式，在寒冷的冬季保育猪舍基本上不换气。要解决这一矛盾，需在建场初期猪舍的建筑和环境调控设施上舍得投入。首先要重视猪舍屋顶、墙体等围护结构的保温性能，可以减缓供暖、通风等环境调控措施的压力。其次，保育猪舍的通风换气措施非常重要，建议采用可调控的机械通风方式。进风口设导流板，避免冷风直接吹到猪床，或者冷空气先经预热再进入猪舍。

二、猪舍环境

影响仔猪健康生长更为重要的因素是空气质量。当猪舍 NH_3 浓度超过 $76mg/m^3$ 时，猪的饲料消耗量和日增重降低；NH_3 浓度为 $38\sim57mg/m^3$ 时，猪清除肺部中细菌的能力下降。我国国家标准《规模猪场环境参数及环境管理》GB/T 17824.3—2008 将保育猪舍、哺乳猪舍 NH_3 浓度上限定为 $20mg/m^3$。

CO_2 经常作为空气质量和通风量控制研究的指标。长期处于 CO_2 浓度为 $2\,000\sim9\,000mg/m^3$ 较处于 $1\,000\sim3\,000mg/m^3$ 环境中的猪易于发生呼吸道疾病。我国国家标准《规模猪场环境参数及环境管理》GB/T 17824.3—2008 将保育猪舍、哺乳猪舍 CO_2 浓度上限定为 $1\,300mg/m^3$。

1. 温度

影响仔猪成活率的重要环境因素是温度，温度过低时，仔猪从母体中获得的免疫球蛋白（抗体）的被动免疫水平下降，降低仔猪的成活率，而且低温会成为感冒等呼吸道疾病的诱因。不同日龄的猪对温度有不同的要求，适宜生长发育的临界温度为最适温度。一般小猪怕冷，大猪怕热。哺乳仔猪出生几小时最适温度为 32~35℃，1~3d 为 30~32℃，4~7d 为 28~30℃，14d 为 25~28℃，14~25d 为 23~25℃，保育猪（26~63d）为 20~22℃；哺乳母猪为 18~22℃（表7-3）。初生仔猪温度过低，常出现冻死现象；有些猪由于低温引起的低血糖，抵抗力大幅下降，成为易发病的猪群；哺乳仔猪如遇到低温，则容易引起消化不良及腹泻。高温会影响哺乳母猪的采食量，奶水分泌减少。

表7-3　猪舍内空气温度　　　　　　　　　　　　　　　℃

猪舍类别	舒适范围	高临界	低临界
哺乳母猪舍	18~22	27	16
哺乳仔猪保温箱	28~32	35	27
保育猪舍	20~25	28	16

注：1. 表中哺乳仔猪保温箱温度是仔猪1周龄以内的临界范围，2~4周龄时的下限温度可降至26~24℃。其他数值均为猪床上0.7m处的温度。

2. 表中的高、低临界值指生产临界范围，过高或过低均影响猪生产性能和健康。

猪舍内的温度主要取决于猪舍围护结构的保温隔热性能。在建猪场时，猪舍的屋顶、墙体、门窗、地面尽量采用保温隔热性能好的材料，保证猪舍防寒防暑达到设计的基本要求，即冬季猪舍墙体保温隔热性能要求墙体内表面温度不低于露点温度，屋顶的保温隔热性能要求内表面温度比露点高1℃；夏季猪舍墙体保温隔热性能要求墙面和屋顶内表面温度不高于设定温度。在生产实际中，如果猪舍温度达不到生猪生长的要求，应该采用供暖和降温系统进行调控。在寒冷季节对产房、哺乳仔猪舍和保育猪舍应添加增温、保温设施，如采用热风炉供暖系统、地板水暖供暖系统、仔猪保温箱等。在炎热的夏季，对成年猪要做好防暑降温工作，如采用湿帘纵向通风系统、喷雾通风系统、淋浴等措施，或者减少猪舍中猪的饲养密度，以降低舍内的热源。

2. 湿度

低温对猪生产性能影响的一切后果都与湿度有关。在高温、高湿的情况下，猪因体热散失困难，导致食欲下降，采食量显著减少，甚至中暑死亡。而在低温、高湿时，猪体的散热量大增，猪就越觉寒冷，相应地猪的增重、生长发育就越慢。此外，空气湿度过高有利于病原性真菌、细菌和寄生虫的滋生；同时，猪体的抵抗力降低，易患疥癣、湿疹以及呼吸道疾病。如空气湿度过低，也会导致猪体皮肤干燥、开裂。猪舍湿度一般控制在 60%~70%（表 7-4）。为了防止猪舍内潮湿，应设置通风设备，经常开启门窗，加强通风，以降低室内的湿度；对潮湿的猪舍要控制用水，尽量减少地面积水。

表 7-4　猪舍内空气湿度　　　　　　　　　　　　　　　%

猪舍类别	舒适范围	高临界	低临界
哺乳母猪舍	60~70	80	50
哺乳仔猪保温箱	60~70	80	50
保育猪舍	60~70	80	50

注：1. 表中数值均为猪床上 0.7m 处的湿度。

　　2. 在密闭式有采暖设备的猪舍，其适宜湿度可适当降低 5%~8%。

3. 空气

规模化猪场由于猪的密度大，猪舍的容积相对较小而密闭，蓄积了大量的二氧化碳、氨、硫化氢和尘埃。猪舍空气中有害气体的最大允许值为：二氧化碳 1 300mg/m^3，氨 20mg/m^3，硫化氢 8mg/m^3（表 7-5）。空气污染超标往往发生在门窗紧闭的寒冷季节，猪长时间生活在这种环境中，极易感染或激发呼吸道疾病。污浊的空气还可引起猪的应激综合征，表现食欲下降、泌乳减少、狂躁不安或昏睡、咬尾咬耳等现象。猪舍冬季通风量要求为 0.30m^3/（kg·h）（表 7-6），如果通过屋顶风帽自然通风，一定要计算通风量是否满足要求，合理的猪舍通风要求既要满足猪所需要的通风量、一定的风速，又要使气流在舍内分布均匀。夏季采用纵向通风系统一般能够达到所需要求。消除或减少猪舍内的有害气体，除了注意通风换气外，还要搞好猪舍内的卫生环境，及时清除粪便、污水。

表7-5　猪舍内空气卫生指标

猪舍类别	氨 （mg/m³）	硫化氢 （mg/m³）	二氧化碳 （mg/m³）	细菌总数 （CFU/m³）	粉尘 mg/m³
哺乳母猪舍	20	8	1 300	4	1.2
保育猪舍	20	8	1 300	4	1.2

表7-6　猪舍通风量与风速

猪舍类别	通风量 [m³/（h·kg）]			风速（m/s）	
	冬季	春秋	夏季	冬季	夏季
哺乳猪舍	0.30	0.45	0.60	0.15	0.40
保育猪舍	0.30	0.45	0.60	0.20	0.60

注：1. 通风量指的是每千克活猪每小时需要的空气量。

2. 风速指的是猪只所在位置的夏季适宜值和冬季最大值。

3. 在月均温度≥28℃的炎热季节，应采取降温措施。

4. 光照

开放式或有窗式猪舍的光照主要来自太阳光，也有部分来自荧光灯或白炽灯等人工照明光源。无窗式猪舍的光照则全部来自人工光源。光照对猪有促进新陈代谢、加速骨骼生长、活化和增强免疫机能的作用。在其他条件相同的情况下，单纯改变舍内的光照强度和光照时间，就能大幅度提高猪的生产性能与养猪生产的经济效益。正常情况下，母猪舍和后备猪舍的自然和人工光照强度保持在50~100lx，每天光照时间必须保持14~18h；育肥猪舍光照强度50lx，每天光照时间为8~10h；在舍外运动的种公猪光照强度100~150lx，每天光照时间8~10h（表7-7）。

表7-7　猪舍光照

猪舍类别	自然光照		人工照明	
	窗地比	辅助照明 （lx）	光照度 （lx）	光照时间 （h）
哺乳猪舍	1:（10~12）	50~75	50~100	10~12

（续表）

猪舍类别	自然光照		人工照明	
	窗地比	辅助照明 （lx）	光照度 （lx）	光照时间 （h）
保育猪舍	1：10	50~75	50~100	10~12

注：1. 窗地比是以猪舍门窗等透光构件的有效透光面积与舍内地面面积之比。

2. 辅助照明是自然光照猪舍设置人工照明以备夜晚工作照明用。

5. 噪声

猪舍的噪声一是从外界传入，二是猪场内机械产生，三是因人的操作和猪自身产生。猪舍噪声不能超过 80dB。噪声对猪的休息、采食、生长、繁殖都有负面影响，如高强度噪声会使猪的死亡率增高，母猪受胎率下降，流产、早产现象增多。应保持猪场环境安静，尽量降低噪声对猪群的影响。

6. 密度

饲养密度的大小直接影响猪舍的温度、湿度及空气质量，也影响猪的采食、饮水、排粪尿、活动、休息等行为。夏季饲养密度过大，猪体散热多，不利于防暑；冬季适当增大饲养密度，有利于提高猪舍温度；春秋季饲养密度过大时，会因猪体散热水分多，增加细菌的繁殖，有害气体增多，使环境恶化。正常情况下，饲养密度见表7-8。

表7-8　猪只饲养密度

猪群类别	每栏饲养头数	每头占床面积（m²）
哺乳母猪	1	4.2~5.0
保育仔猪	9~11	0.3~0.5

三、猪舍环境控制的措施及建议

猪舍的环境控制主要包括舍内有害气体的减排、冬季供暖通风和夏季降温。

1. 猪舍内有害气体的减排

猪舍内有害气体的控制主要包括通过各种前期措施减少生产中有

害气体的排放量和采取必要的通风措施降低舍内有害气体质量浓度。有害气体的减排以 NH_3 的减排为代表。猪舍内 NH_3 的质量浓度与舍内尿液中尿素的质量浓度、粪浆中氨的质量浓度、粪浆的挥发面积、粪浆的酸度和粪浆的温度有关。减少 NH_3 排放的方法可以通过降低尿中尿素的质量浓度和粪浆中氨质量的浓度、减少粪浆的挥发面积、降低粪浆 pH、降低粪浆温度和及时将粪浆清除出猪舍等。具体可操作的减排方式主要包括猪舍内采用合理的地板类型、增加清粪频率和调整饲喂方案等。

合理的猪舍地板类型、增加清粪频率将会在很大程度上降低猪舍内 NH_3 的质量浓度。混凝土漏缝地板的断面形式有利于粪尿顺利落下而少黏附在漏缝地板上。梯形、T 形、表面弯曲的条板断面上沿做成槽口形状与未做成槽口形状的梯形断面条板相比可以降低 NH_3 排放量分别为 23%、42% 和 26%。研究表明，地面结构类型显著影响猪舍 NH_3 排放，半缝隙地面舍、实心地面舍、生物发酵床猪舍的 NH_3 排放系数分别为：（9.47±7.09）/（d·头）、（11.23±4.23）/（d·头）、（4.27±2.09）g/（d·头），这表明生物发酵床养猪对 NH_3 减排有一定效果。各种类型地面的猪舍均应及时将粪尿清除出猪舍。

调整饲喂方案可降低 NH_3 的排放。降低猪日粮中粗蛋白含量、饲料中添加非淀粉多糖、以酸式盐代替饲料中的碳酸钙等均可以降低 NH_3 的排放。当粗蛋白含量从 20% 降低至 12% 时，育肥猪 NH_3 的排放量可以降低 60%。当粗蛋白含量从 16% 降低至 14%、添加 3% 安息香酸、15% 的菊粉可降低育肥猪 NH_3 排放量分别为 30%、57% 和 34%。

2. 猪舍的供暖通风

我国三北地区的猪舍一般需要供暖，而供暖必定与通风相联系，有害气体的前期减排措施主要针对 NH_3 的排放，减排不等于零排放，并且生产过程中产生大量的 CO_2 和水气等，因此，猪舍必须进行通风控制。冬季供暖的技术已经比较成熟，但冬季通风与保温是相互矛盾的问题。一些规模猪场或猪场设计者常为了节约通风能耗、提高猪舍环境温度而将通风量控制在低于最低限的范围。然而，通风量不足将导致舍内空气质量变差。节约冬季供暖通风能耗的关键在于提高猪舍围护结构保温性能，即将猪舍设计建造成节能猪舍。节能猪舍的做法可参照国家或地方建设主管部门颁布的民用建筑节能标准。在建造节能猪舍的基础上，通过采用适宜的猪舍通风气流组织技术结合供暖方式，将猪所在位置的温度、湿度和有害气体质量浓度控制在较好的水平。

猪舍的通风能耗远大于人居建筑，在通风方式上如果能采取热回收设备将会节约大量能耗，国内一些畜禽环境控制设备厂家目前生产的热回收畜禽空调已经在实际生产中应用，具有一定的热回收效果，但是目前的通风量尚不足以将猪舍内有害气体含量控制在我国国家标准《规模猪场环境参数及环境管理》GB/T 17824.3—2008 限量以下。

总之，目前的猪舍围护结构的节能设计、建造技术和供暖方式已经比较成熟，适合不同工艺的猪舍内通风气流的组织方式，以及降低猪舍通风能耗的热回收方式尚需进一步研究并在生产实践中示范推广。

3. 猪舍的隔热降温

夏季猪舍内温度的高低不仅与猪舍围护结构的封闭程度、通风方式、降温方式有关，而且与猪舍围护结构的隔热性能以及舍内猪只的饲养密度有关。猪舍夏季高温环境控制的传统技术措施为建筑围护结构防热、自然通风或机械通风措施，舍内温度过高时可增加降温设备、降低猪只饲养密度以缓解舍内猪只的热应激程度。

猪舍围护结构的隔热可参照《民用建筑热工设计规范》GB 50176中的建议。因夏季太阳辐射照度在水平向和东、西向较大，在隔热措施中，提高屋顶和猪舍东、西墙的隔热性能较为重要，北方地区猪舍常见的墙体结构主要有 24 砖墙、37 砖墙、彩钢夹芯板、实体砖墙外贴聚苯板等。其中，实体砖墙外贴聚苯板的墙体隔热性能最好。猪舍屋顶也应采用下部为蓄热性能较好的重质材料、上部采用隔热性能好的轻质材料的复合结构。屋顶绿化具有较好的隔热作用，北京市东城区园林局的测试数据表明，夏季屋顶绿化建筑的室内气温比非绿化建筑平均低 4.5℃。猪舍的屋顶和东、西墙体也可以采用通风屋顶和通风墙体的构造。猪舍朝向宜为南北朝向，外围护结构外饰面宜采用浅色光滑材料。各种隔热措施再结合遮阳其防暑效果将更好。

某些地区的猪舍单靠隔热设计，其舍内夏季温度仍对猪只繁殖性能不利时，需要增加降温设施。降温方式主要分为通风降温、以水为媒介的降温方式和空调降温。当气温高于25℃时通风降温效果递减，气温达30℃以上时就应考虑先将空气冷却后再送入舍内。以水为媒介的降温方式包括淋浴、滴水降温、蒸发降温、地板降温、水空调及水源热泵中央空调等。在高温潮湿的地区，将水直接喷在猪体上淋浴较对整栋猪舍进行蒸发降温效果好。对整栋猪舍进行蒸发降温在高温干燥的地区较为适用，但是蒸发降温时舍内湿度增加。

利用地下水对地板局部降温为解决开放式公猪舍夏季降温问题提供了又一途径。水空调及水源热泵中央空调具有不增加舍内湿度的优点，但是降温用地下水是否准许利用以及如何利用必须征得当地水资源管理部门的同意，其投资也较高。各地区猪舍应结合本地区气候特点、资源条件、投资情况以及各种降温方式的适用条件综合考虑确定适宜的降温方式。

在实际生产中，许多猪场的繁殖猪舍即使采用降温措施，往往仅可以在一定程度上减缓热应激的程度，并不能将猪舍的高温控制在理想的温度范围之内。随着人工授精技术的推广，提供人工授精精液的种公猪舍的夏季高温状况将直接影响配种母猪的妊娠率。因此，对于提供人工授精精液的种公猪舍应结合本地区气候特点和资源条件采用效果较好、可能投资较高的降温设施（如水源热泵中央空调等），该降温方式不仅可以夏季降温，而且可以冬季供暖，并可同时具有通风、除湿等功能。

第八章 仔猪健康管理新策略

第一节 群体健康监测

净化猪场中的猪病，特别是净化猪群中的常在疾病，是猪场仔猪减抗过程中重要且紧迫的工作。而净化整个猪群疾病的方法与临床上预防和治疗个体疾病的方法有所不同。以下介绍的调查项目和方法主要是针对在仔猪减抗过程中，以净化猪场群疾病为目的而提出的。

一、调查繁殖性能及生产情况

1 了解养猪模式

现在的商品猪生产主要有3种模式，即自繁自养、繁殖仔猪卖小猪以及外购仔猪进行育肥出售。后一种养猪模式的发病率、死亡率明显高于前两者，外购育肥用仔猪的来源和渠道越多，发病的风险越大。尤其是从生猪交易市场采购的仔猪，在混群后的育肥过程中，或迟或早，或重或轻，几乎100%发病。而且绝大多数的发病情况是多种疾病的混合感染，给猪病防治工作带来了极大困难，死亡率也很高。养猪模式是影响猪病发生率的重要因素之一，因此，在猪的群体调查中首先要确认养猪模式。外购仔猪育肥过程中的发病情况见图8-1。

2. 调查繁殖记录

一般应调查猪场1年内每个月份的繁殖记录，避免各种因素对某一个别月份繁殖成绩的影响。调查繁殖记录的目的是确定低于正常值的繁殖指标。一般参考的猪群繁殖目标值为：母猪平均年淘汰率应大于30%；母猪死亡率应小于5.0%；母猪繁殖周期应为159~163d；

图 8-1 外购仔猪的发病情况

（左：猪群发热；右：生长不良）

断奶到再配种天数间隔应小于 7d；分娩率应大于 80%；平均窝产活仔数应多于 10 头；平均窝产死胎数应少于 0.5 头；平均窝产木乃伊胎数应少于 0.3 头；哺乳期应少于 28d；母猪非繁殖天数应少于 60d 等。如果某项或某几项繁殖成绩数值明显低于这些目标值，就要追踪调查造成这种情况的真正原因，这种追踪调查工作往往是诊断猪群猪病、净化猪场疾病的重要突破口。

3. 调查发情、配种及妊娠情况

实际上，发情、配种及妊娠情况是与上述繁殖成绩密切相关的，往往也是造成繁殖成绩降低的直接原因。通常要询问的内容包括：如果采取本交繁殖方式，公、母猪的比例是多少？每头公猪的配种频率如何？如果采用了人工授精方式，那么如何确定母猪处于发情状态？授精时机和受精次数是如何掌握的？精液的来源？精液的采集、稀释和贮存是怎样操作的？怎样进行妊娠诊断？受孕母猪的返情比例是多少？母猪流产的比例有多大？经产母猪和初产母猪的平均产仔数？

通常，采取本交繁殖方式的公母猪比例应该为 1 头公猪对 15~20 头母猪，如果公猪数量少，公猪的配种负担就会增大，精液的质量就会下降，往往会导致母猪受精率降低；公猪的配种频率一般每周不应超过 3 次，如果超过 3 次也会导致受精率降低。前面讲到公、母猪比例应为 1:（15~20），目的就是为了避免公猪使用频率过高，并且适当留有余地。

人工授精方法是目前很多猪场采取的繁殖方式，技术成熟，具有很多优点，而且已有很多专门销售优良种猪精液的公司。采用人工授精繁殖方式时，饲养母猪的饲养员应在每天早上上班后首先查验母猪的发情情况。通常，母猪在断奶后 3~5d 即可发情配种，而交配后没配上种或返情的母猪应在配种后 18~21d 再发情，对于这些情况饲养员应该心中有数，以便于鉴定母猪发情状况和判定母猪的返情情况。当然，确切判定母猪发情或再发情，最后一定要用公猪试情来确定。当确定母猪发情后，应尽快进行人工授精，因为早上发现发情的母猪，可能在夜里已经开始发情。通常授精要早晚各进行 1 次。授精时一定不能将授精管头部插入母猪尿道口内，授精速度也不宜过快，应配合子宫的收缩频率和吸引力慢慢输入精液。

精子来源和对精液的操作对繁殖成绩的影响很大。如果采用自家公猪精液，应在每次采精后检查精液的质量，包括精子的数量、形态和活力等，并逐一进行记录，建档备案；对精液的操作也要按照规范的程序和方法进行。如果采用外购精液，一定要选择有种猪资质且具有相当数量优良种公猪的售精单位，同时要有种公猪系谱等档案资料。

通常在配种后 18~21d 检查母猪是否再发情，以此来确定母猪是否配种成功。一般母猪的返情和流产比例不应超过 10%~15%，否则就要追查返情和流产的原因。如果采用杜、长、大三元杂交，杜洛克作终端父本的育肥猪杂交繁殖方式，一般经产母猪窝平均产仔数在 10~11 头，初产母猪平均产仔数应在 8~9 头。否则为异常情况。

4. 调查产仔情况

临产母猪进入产房前进行过清洗、消毒吗？母猪产仔是诱导分娩还是自然分娩？如果是诱导分娩，采取何种操作方法和程序？母猪需要诱导分娩的比例是多少？代乳哺育使用什么样的程序？初生重和断奶重是多少？

预产期母猪进入产房前必须进行清洗、消毒，因为此时产房已经消毒，是清洁的。如果母猪不经过消毒就进入产房，会对产房造成污染，给以后仔猪发生黄、白痢等疾病埋下隐患。实际上，很多导致仔猪发病的病原体来源于母猪，只是因为母猪的抵抗力较强，即使身上携带了某些病原体也不会发病。

正常的母猪分娩不需要诱导，是"瓜熟蒂落"的自然过程。如果母猪分娩需要诱导且比例还很大是不正常现象。很多猪场为了加快分娩过程以及避免母猪晚上分娩，经常使用催产素（缩宫素）等药物进行诱导分娩，这种做法是十分错误的。因为动物的分娩过程是一个生理过程，在非疾病状态下无须任何人工干预，使用药物等手段干扰分娩过程，不但扰乱了分娩的正常生理调节机制，而且给以后能否顺利分娩埋下了隐患。人工诱导分娩的母猪，往往在以后的产仔过程中，不使用药物等方法诱导就不能进行正常的分娩，而且不能顺利分娩的比例也会越来越高。

通常窝产仔数超过 12 头时就要考虑代乳哺育。但是，代乳哺育前一定要使仔猪吃到初乳，获得母源抗体，这对日后仔猪的抗病能力十分重要。当然，找到分娩期相近、母性好的母猪，以及代乳前给仔猪身上涂抹代乳母猪尿液等事项，是产房饲养员应有的常识。

在我国目前总体养猪水平下，仔猪初生重应大于 1.3kg，否则应视为弱仔。小猪哺乳 21d 后的断奶体重应大于 6kg，否则应细查原因。

5. 调查生长发育情况

查看各猪舍 1 年内仔猪和育肥猪的生产记录。目的是检查生长发育情况，并将该数值与猪生长参考值进行比较，见表 8-1，以便确定该猪场的猪生长成绩。同时，如果猪场保留了准确的喂料记录，可以根据该记录分析、计算饲料转化率。

表 8-1　不同日龄、体重猪的日增重参考值

猪日龄（d）	猪体重（kg）	日增重（g）
	10.0~11.8	313~318
	18.2~21.4	409~477
	29.1~33.6	545~614
	43.2~49.1	705~773

（续表）

猪日龄（d）	猪体重（kg）	日增重（g）
	57.3~67.5	705~773
	71.4~80.0	705~773
	85.0~95.0	682~750
	98.2~109.2	659~727
20~60		341~393
60~180		667~735
0~180		545~609

注：本表改自《猪病学》第9版

　　净化猪病的重要目的之一是减少疾病干扰，最大限度地发挥猪本来应具有的生长发育的遗传潜能。表中所列出的数据绝非最好的生产性能，只是目前我国养猪生产的仔猪、育肥猪的平均生长水平。育肥猪从出生到出栏全程的肉料比应低于1：3。饲养管理水平和防控疾病水平稍高的猪场，一般都可以超过这个指标。如果达不到这个水平，那么说明在饲养管理和疾病防控等方面一定存在问题。在疾病防控方面常见的问题是慢性、常在性和条件性疾病的防控和净化做得不好，如支原体肺炎（喘气病）、萎缩性鼻炎等。一般在没有其他病原体复合感染的情况下，这类疾病的死亡率并不高，但是会严重影响仔猪和生长育肥猪的生长发育速度，造成饲料报酬下降，尤其在冬、春天气寒冷的季节更是如此。

　　6. 调查各阶段猪的病死率

　　调查各阶段猪的病死率的步骤如下：了解每一阶段猪群的发病率和死亡率，同时调查发病和死亡的原因和时间，再判断发病和死亡有无季节趋势等流行病学情况。各阶段猪一般病死率的参考指标如下：哺乳仔猪死亡率低于12%；断奶仔猪死亡率低于3%；母猪死亡率低于5%。了解这些情况并和参考指标比较的目的，是确定该猪场在疾病控制方法、程序和免疫程序等方面是否存在问题。

　　哺乳仔猪死亡的主要原因，除了典型猪瘟、口蹄疫等烈性传染病之外，常见的是产弱仔、母猪压死仔猪以及腹泻等造成的死亡等。断奶仔猪的死亡，除了腹泻等消化道疾病之外，常见为蓝耳病、巴氏杆菌病和链球菌病等呼吸道疾病造成的死亡。通常母猪的抵抗力较强，由于传染病原因造成死亡率不高。常见的死亡多由产科病、内科病引起，如难产、胃溃疡、便秘和胃破裂等。如果母猪死亡率偏高，一定另有原因。

二、调查饲养管理情况

1. 饮水和耗料

首先调查食槽和饮水器的数量和类型。目的是测算现有的食槽和饮水器能否满足最大预期的养猪数量以及最大体重猪的需要。一般情况下，猪每天需要体重 10% 的饮水量，在热天及特殊生理阶段（如哺乳、怀孕等）需水量会更多。1L 水的质量为 1kg。所以，1 头 100kg 重的猪每天至少消耗 10L 水。

猪不但对总水量有要求，而且对饮水器在单位时间的出水量也有要求。比如，哺乳仔猪的饮水器要求每分钟出水 0.3L；而怀孕、哺乳母猪以及公猪则需要每分钟出水 2L 以上。严格来讲，在水压恒定的情况下，根据猪的体重大小和不同生理状况至少需要 4 种规格的饮水器，每个自动饮水器可满足 10~15 头猪的饮水需要。

确保猪能够获得充足的饮水是非常重要的，天气炎热时，只要有充足的饮水，猪可以 3d 不吃料而不发生问题，而 3d 不饮水的猪必死无疑。当饮水受限时，猪的攻击性增强，很多猪的恶癖（如攻击性、咬尾及咬耳等）与饮水不足有直接关系。增重也因采食减少（饮水不足自然采食减少）而减缓，因而导致同龄猪的体重差异加大。

有研究表明，给空怀期母猪日喂 3 次比日喂 2 次死亡率低；日喂 2 次的母猪比日喂 1 次的母猪死亡率低。喂湿拌料的母猪死亡率要低于喂颗粒料，在空怀状况下，一般日喂料量为母猪维持需求量的 1.5 倍，通常母猪的维持需要量为每天采食 2.4kg 左右的标准全价配合饲料。

2. 温度

了解猪场的温度管理状况是十分重要的调查内容。养猪生产中环境温度的上、下限与猪栏地板类型、猪体重、猪品种，以及猪的生理状况（如怀孕、哺乳等）等因素有关（表8-2）。一般情况下，母猪的理想环境温度为21~22℃；新生仔猪则要求28~30℃；断奶仔猪需要26~28℃。

表8-2　在不同地板类型条件下猪对环境温度要求的最大范围 ℃

各阶段的猪	混凝土地板	漏缝地板	铺垫草
母猪	10~32	15~30	5~30
仔猪	16~36	18~35	11~35

温度不但和猪的生长发育有关，而且和发病率密切相关。猪生活在适宜的环境温度中固然重要，而保证环境温度不发生剧烈变动更为重要。猪在温度低的季节生长发育缓慢，这是猪舍环境温度太低的结果，如果环境温度能维持在正常水平，在冬季猪照样可以正常生长发育。在冬季如果猪舍的温度低，猪采食饲料中的很大一部分是用于维持体温。环境温度低是诱发呼吸系统和消化系统疾病的重要因素，因此冬、春季节是猪场呼吸系统疾病的高发期。

3. 饲料

饲料是养猪的第一大成本，饲料配合不当也是发生疾病的重要原因。通常调查的内容包括：饲料是自配的还是外购？如果是外购，是购进预混料、浓缩料还是全价配合饲料？如果是外购的预混料或浓缩料是如何配合成全价料的？各阶段猪的饲料采用何种营养标准及营养组成？饲料是如何储存和运输的？各阶段猪的喂料量是如何制定的？如何运用自由采食和限饲的？

由于原料行情的波动，猪场往往在价格合适时大量购进原料，如果在原料运输、储存过程中处理不当，常常造成发霉变质。用变质的大宗原料配成的配合饲料，不但严重影响猪的生长发育，而且常常是引发或诱发疾病的重要因素，见图8-2。

图 8-2　饲喂发霉玉米后小母猪阴门红肿

4. 引种（猪）安全

应调查最近猪场是否进行了引种或购进外源猪？新购猪的检疫和隔离程序如何？如果是购进仔猪，这些仔猪来源是一个还是多个猪场？猪是如何被运进猪场的？运猪车到达后是如何进行消毒的？

猪病的高发态势以及日趋复杂情况，绝大多数最初来源于猪的不规范移动，猪病的发生和流行主要是猪之间的相互传染。很多国外的猪病进入中国，多数是由于从国外引进种猪时带进了猪病。一地发生猪病迅速蔓延至全国，也往往是由于猪及猪产品的全国大范围移动造成的。

因此，引种前一定要经过特定疾病的检疫环节，而且最好隔月复检；引种后一定要有隔离期，隔离时间以特定疾病的最长潜伏期为限。如有可能最好采用"哨兵猪"的隔离检疫方法，以便最大限度地杜绝引猪带进猪病的情况。

如果采用购仔猪育肥的养猪模式，引进仔猪的来源越少越安全，来源越多带进疾病的风险越大。

运猪的车辆在运猪前及到达猪场后都要进行彻底清洗消毒，以便最大限度地减少病原体的数量以及切断病原的传播途径。

5. 巡查畜舍

如果前面调查的大部分内容是通过问诊得到，以下进行的内容主要是视诊范畴。在巡视圈舍过程中主要观察猪的表现，异常行为，是否有足够的饲养空间和饲料等情况，评估环境质量和通风换气情况。

即使猪场的饲养管理人员自认为圈舍各个方面都没有问题，也一定要查看所有的生产环节。

在查看过程中，特别强调要和饲养员、技术员等一线生产管理人员交谈，因为他们在生产过程中与猪接触最多，所以他们的意见、看法往往特别具有参考价值。

临床诊断猪病的重要方法是问诊和视诊。在巡视圈舍过程中，首先查看猪的采食情况、有无剩料现象。如果有剩料情况，再进一步查看是否有断水情况，如果猪的饮水充足还有剩料（在非自由采食情况下），那么猪一定是发生了疾病。因为通常猪发生疾病的最明显表现是采食减少。同时，观察猪的精神状态、行为表现等也十分重要。各种猪病的详细临床诊断方法，将在后面章节中详细介绍。

三、调查疾病和死亡情况

1. 了解疾病防控措施

一般调查的内容如下：常规使用疫苗的种类有哪些？各个阶段的猪免疫程序是如何制定的？如何驱除猪体内、外寄生虫的？对病猪怎样治疗的？药物是轮换使用吗？饲养员清楚本场的免疫程序和治疗方案吗？

疾病的控制措施通常应包括环境控制、营养调控、消毒、免疫接种、药物的保健与防治、早期断奶、分阶段养殖等饲养管理措施，以及引进外源猪的检疫、隔离程序等。猪场在日常管理过程中，必须做到采用合理的免疫程序，使用质量有保证的疫苗、消毒剂和药物等。

关于免疫程序，虽然可以参考各种资料所介绍的各阶段猪的免疫程序和方法，但是严格地讲，每个猪场、每个阶段猪的免疫程序的制定，要根据本地区、本场的猪病流行情况和发生态势而定。最好通过监测本场各阶段猪群中各种病原血清抗体的动态变化规律来确定。如此看来，每个猪场及每个阶段猪的免疫程序都应该是不完全相同的。

定期驱除猪体内外寄生虫是一项十分重要的保健、防病工作，对各阶段的猪都要定期驱虫。驱虫时不能重体内、轻体外。从猪场的实际情况来看，体外寄生虫往往也是影响猪生长发育、诱发疾病的重要因素，因此最好同时驱除体内、外的寄生虫。

针对病猪的治疗，严格地讲，对群发性猪病治疗没有太大意义。因为如果大群发病时，无法对每一个个体进行有针对性的治疗。另外，猪是经济动物，如果治疗的成本大于猪本身的价值，是没有意义的。况且绝大多数抗菌素对病毒性猪病没有治疗作用。即便是治疗，也不能长期使用一种或几种药物。因此，防控猪病的根本要求是树立健康养猪理念、预防发病、减少发病，最好不发生猪病。如果猪场的疾病得不到很好的控制，就要考虑调整疾病控制方法和措施，尤其重要的是所有的猪病防控方法和措施都要与猪场的日常管理结合起来。

免疫程序和治疗方案的实施，主要依靠猪场技术人员和饲养管理人员来执行。因此，经常对饲养管理人员进行培训，使他们充分了解本场的猪病控制的原则、方法和措施，清楚各阶段、各种猪的免疫程序和治疗方案，把猪场的所有猪病防控方案变成全场饲养管理人员的实际行动。

2. 调查生物安全性

详细调查猪场生物安全制度和措施，根据猪场中鸟类、啮齿类等动物的存在情况和活动规律来测评猪场的生物安全状况。调查人员、物品、饲料和猪的移动路线，以便确定该猪场存在的隐患和有待提高的生物安全措施，做到对猪场目前的生物安全体系的风险心中有数。

猪场中的老鼠、爬行动物和鸟类是很难控制的，这些动物是口蹄疫等多种病原的重要传播者，因此必须采取措施，最大限度地加以控制。

很多猪场为了防止物品被盗和喜好而养狗，这种方法不可取。其实猫、狗也是某些猪病传播和流行的因素之一，如弓形体病等。

原则上猪场内应该区分净道、污道以及移动猪专用通道，并且不能混用，以便最大限度地防止猪病的传播、流行以及交叉感染。清洁过的物品和饲料应使用净道，而运输粪便等污物应通过污道；人员一旦进入污道，原则上应换鞋和经过再消毒后才能使用净道。猪病是否发生、流行、控制和得到净化，往往就在于这些细微之处做得好坏。因此，这些方面在猪场建设之初的设计上就要考虑周全，这也是建筑防疫学的重要内容之一。

3. 调查猪场的疾病状态

调查猪场的疾病状态，可以通过调查猪的临床症状、解剖病猪和死猪、采集病料、屠宰厂检验、病原学和血清学诊断等手段来进行。

原则上，对所有的病、死猪都要进行病理剖检，如果死猪很多，那么至少需要剖检 3 头猪以上，并且力求寻找具有基本相同的病理变化特征，这样才具有群发猪病的诊断意义。发病初期且未加治疗的濒死猪或者死亡不久的猪是理想的剖检样本。但是，往往对发病早期或者急性死亡猪的剖检难以发现脏器的典型病理变化。

猪病发生的情况十分复杂，多数为复合感染或综合征，典型的、共性的病理变化不多，单纯依靠典型的病理变化就能诊断的猪病种类也很少，因此，往往需要配合调查了解、临床症状、治疗效果、病理组织学以及实验室诊断结果等方法来进行综合诊断。具体方法将在后面的章节中介绍。

4. 调查群发疾病情况

猪的群发疾病是危害最严重的疾病，是必须调查的内容，要了解的内容通常包括：是全场发病、全群发病、全窝发病还是只有个别猪发病？多少头猪发病？发病猪占存栏猪的比例有多大？大猪发病多还是小猪发病多？是后备母猪还是经产母猪发病？群发病的病猪体温是否升高？各阶段猪的死亡率如何？

就猪场而言，对于非群发性的个别猪病，一般没有很大的诊断价值和治疗意义，防控的重点是群发病。尤其是群发的急性、烈性传染病，如果对这类疾病防控不及时，往往会造成猪群的巨大损失甚至全群覆没。

而慢性、条件性的群发猪病是猪场净化的重点（如喘气病等），因为这类疾病虽然不会造成急性大批死猪，但往往是很多猪病的导火索，且会严重影响猪的生长发育、饲料报酬以及繁殖性能等，对猪场的经济效益和生产业绩影响十分严重。

其他群发病包括中毒、代谢以及遗传性疾病等非传染性疾病。鉴别传染病和非传染病的重要临床依据之一是病猪体温是否升高？因为绝大多数传染性疾病都有体温升高的临床表现，而多数的非传染性疾病虽然也是群体发病，但往往体温不高，这是鉴别传染性疾病和非传染性疾病的重要依据之一。

由于小猪的抵抗力较差，绝大多数的传染病对小猪的危害很大。因此当猪群发生传染病时，小猪的发病率和死亡率都高于其他阶段的猪，并且有明显的全窝、全群发病趋势。

发病猪、死亡猪的数量越多，占存栏猪的比例越大，说明该病的传染性越强，病情越严重。经产母猪、种公猪以及大猪对传染病有较强的抵抗力，通常病死率都比较低。

5. 调查有无暴发猪病情况

暴发的疾病通常都是烈性传染病，也是对猪场损害最大的疾病。调查内容包括：病猪的症状发展速度如何？疾病的扩散速度和范围？病猪明显的共同症状出现在病后多长时间、多大日龄？最初发病的猪多大日龄？病猪的转归如何？猪群的发病率和死亡率是多少？采取何种治疗措施？效果如何？病猪最初症状同后来症状是否相同？病情逐渐加重还是变轻？在本地区和周围地区，除猪之外还有其他哪类动物发病？猪病有地方性流行和发病趋势吗？发病有性别差别吗？疾病暴发之前有先兆吗？以前该病在本地区、本场曾发生过吗？

了解症状的发展、扩散速度和范围的目的主要是判断该病属于急性疾病还是慢性疾病，以便决定是否采取报告、紧急封锁、隔离以及扑杀措施。

病猪的发病日龄对于分析、判断疾病的种类很有帮助，因为有些猪病有特定的发病日龄，如仔猪黄痢多发于出生后 1~3d；而与该病具有相同病原的仔猪白痢则多发于出生后的 10~30d。

了解病猪的转归和病死率，有助于判断该病的危害程度以及是否由急性猪病转为慢性猪病，以便制定更有针对性的应对措施。

了解已采取的治疗措施及其效果，对判断疾病的种类和性质十分重要。如果是病毒类疾病，则一般使用抗生素的效果不佳，因为一般抗生素对病毒没有作用，而对于细菌性疾病则会有一定效果。当然，由于很多猪场存在着抗生素的滥用、超量、超限长期使用等情况，所以很多病原菌对抗生素产生了不同程度耐药性。因此，即使是细菌性疾病，使用抗生素也不一定有明显的效果。

了解病猪先后症状是否相同，主要目的是判断该病是单一疾病，还是复合感染或者是综合征。有些疾病是猪特有的，如猪瘟等；而有些猪病是多种动物都可能发生的，如口蹄疫等，如果发生像口蹄疫等多种动物共患的传染病，绝不是一个猪场或一个猪群发病，一定会波及到一个地区或更大范围，并且牛、羊等偶蹄类动物都会发病。

有些疾病主要发生在母猪、公猪，如繁殖障碍类疾病；呼吸系统疾病一般都有发热、食欲减退、咳嗽及打喷嚏等先期症状；仔猪红痢（梭菌性肠炎）、猪痢疾等疾病往往有再发的可能，这些都对诊断猪病提供了很有价值的信息。

6. 调查猪的死亡情况

调查内容包括：调查猪场各阶段猪的死亡率、平均死亡率和死亡范围是多少？每个阶段的猪死亡发生的时间？猪死亡有季节趋势吗？猪在临死前有何临床表现？死亡猪的外观如何？这类死亡以前发生过吗？查到了引起死亡的原因吗？

各阶段猪的死亡率是猪场饲养管理水平和生产成绩的重要指标。降低死亡率也是净化猪场、防控疾病的主要目的之一。

了解病猪发生死亡的时间，目的是确定防控猪病的时间点和着力点，也是确诊猪病类型的重要依据之一。

很多猪病的发生有季节性规律，如冬、春季节易发呼吸道疾病；夏季易发消化道疾病，因此，在不同季节有不同的疾病防控重点。当然，随着生态环境的改变和临床滥用药物，很多疾病的流行规律和特点也发生了很大改变。

了解濒死前的临床症状、死亡猪的外观以及在以前是否发生过类似的死亡，这些情况对确定疾病的种类、性质以及以后应采取的防控措施和防控重点都十分重要。

原则上，猪场发生的任何死亡都应查明原因，以便确定今后的预防措施。当然，也不是所有死亡都能查出准确的原因，查出病因、找到病原、制定有效的防治方案是兽医工作者应努力完成的工作和追求的目标。

第二节 个体健康监测

掌握了群体调查的资料后，对猪场的整体状况就会有了基本的判断。以这种判断为基础，进一步进行猪的个体检查，以求对猪群的健康状况和疾病问题有一个比较准确的诊断，为进一步确诊以及制定防控猪病和净化猪场的具体方案提供依据。

一、观察猪整体状态

通过详细的视诊，以观察其整体状态的变化，特别要详细观察猪的生长发育程度、营养状况，并对身体状况进行综合评价。

生长发育良好的猪，肌肉丰满，被毛光亮，结构匀称，营养状态良好，总体印象为体格健壮，表明机体的物质代谢正常。这种状态的猪是临床健康的，对疾病的抵抗力较强。而发育不良的猪，多表现躯体矮小，结构不匀称，特别是在仔猪阶段，常表现为发育迟缓甚至发育停滞，见图8-3（左）。

如果发现仔猪比同窝的猪发育显著落后，甚至成为僵猪或侏儒猪，多为慢性传染病（仔猪白痢、非典型性猪瘟、喘气病及仔猪副伤寒等）、寄生虫病（尤其是蛔虫等消化道寄生虫）以及营养不良（先天性发育不良或出生后母乳不足）的后果，尤多见于矿物质、维生素代谢障碍而引起的骨代谢性疾病（骨软症与佝偻病等）。此外，地方流行性肺炎（喘气病）及传染性萎缩性鼻炎也可引起过度消耗以致发育迟滞。对于发育不良的猪，应详细了解病史及疫情，进行综合全面分析、判断。营养不良表现为消瘦，被毛蓬乱、无光，皮肤缺乏弹性，骨骼表露明显（如肋骨），见图8-3（右）。

对于哺乳仔猪的营养不良，在排除母乳不足、乳头固定不佳、缺铁性贫血以及环境温度低等原因外，应考虑仔猪黄痢、脂肪性腹泻等以消化道症状为主的疾病；如没有饲养管理方面的问题可查，则常提示为慢性消耗性疾病，尤其多见于慢性仔猪副伤寒、喘气病、猪肺疫、蛔虫病以及慢性猪瘟等。

图 8-3 发育迟缓及营养不良的仔猪

二、观察精神状态、运动及行为表现

猪的精神状态是其中枢神经机能的标志。可根据猪对外界刺激的反应能力及行为表现进行判定。在正常状态下，中枢神经系统的兴奋与抑制两个过程保持着动态平衡，表现为静止时较安静，行动时较灵活，经常关注周围情况的变化，对各种刺激反应敏感。

当中枢神经机能发生障碍时，兴奋与抑制过程的平衡关系受到破坏，临床上表现为过度兴奋或抑制。兴奋是中枢机能亢进的结果，轻则惊恐、不安，重则狂躁不驯。抑制是中枢神经机能紊乱的另一种表现形式，轻则表现沉郁，重则嗜睡，甚至表现为昏迷状态。

沉郁时可见病猪离群呆立、萎靡不振、耳耷头低，对周围情况反应冷淡，对刺激反应迟钝。嗜睡则为精神过度沉郁状态。表现为重度萎靡、闭眼似睡，或站立不动或卧地不起，给以强烈的刺激才引起轻微的反应。见到这种情况应注意侵害猪中枢神经系统的疾病（如李氏杆菌病、伪狂犬病等），见图 8-4。

昏迷是病危状态。多表现为躺卧不动，见于各种发热性疾病及消耗性、衰竭性疾病等。肥猪在中暑、高热病的后期也可呈昏迷状态，见图 8-5。

此外，正常的猪不应该表现出恶癖，比如，应该在适当的时间、适当的位置排泄。通常猪在采食后饮水时才到猪栏后面角落处排泄。正常的猪不应出现互相咬尾巴、咬耳朵等情况，也不应当出现异嗜情

图8-4 病猪的精神沉郁及嗜睡状态

图8-5 病猪的昏迷状态

况等，猪表现出恶癖，常见的原因为密度过高、环境恶劣、空气污浊以及营养不平衡等，见图8-6。

图8-6 猪随意排泄（左）及直肠脱出后被其他猪咬破（右）

而咳嗽、打喷嚏或喷鼻子，不仅是喉、气管及肺部疾病的典型症状，也是萎缩性鼻炎的早期表现，如果在上述症状出现的同时还有鼻塞、流鼻血等情况，基本可以断定是萎缩性鼻炎初始阶段。当然，准确诊断萎缩性鼻炎还要以分离出波氏杆菌、巴氏杆菌等病原体为准。

三、观察姿势及体态

姿势与体态是指猪在相对静止期间或运动过程中的空间位置及姿态表现。当猪处于健康状态时，姿势自然、动作灵活而协调。疾病状态下所表现的反常姿态，常由中枢神经系统疾病及其调节机能失常，骨骼、肌肉或内脏器官的病痛，以及外周神经的麻痹等原因引起。

猪的异常站立姿势常表现为：典型的木马样强直姿态，呈头颈平伸、肢体僵硬、四肢关节不能屈曲、尾根挺起（有的猪呈现尾根竖起），这是全身骨骼肌强直的结果，见图8-7（左）。

猪四肢发生病痛时，站立时也呈不自然的姿势，如单肢疼痛则表现为患肢免负体重或揣起；当躯体失去平衡而站立不稳时，则呈躯体歪斜、四肢叉开或依墙靠壁而立等特有姿态，该情况常见于中枢神经系统疾病，特别当病因侵害小脑、脑桥部位时尤为明显，见图8-7（右）。

图8-7　病猪全身抽搐、强直（左）及不自然站立姿势（右）

猪的强迫卧位姿势是指非正常的躺卧状态，四肢的骨骼、关节、肌肉发生疼痛性疾病时（如骨软症、风湿病等），猪多表现为强迫卧位姿势；另外，当猪高度瘦弱、衰竭时（如长期慢性消耗性疾病、重度的衰竭症等），多呈长期躺卧状态（图8-8）。

图8-8 猪的强迫卧位姿势

猪的两后肢瘫痪而出现犬坐姿势，可见于传染性麻痹，或当慢性仔猪白肌病、风湿病以及骨软病时亦可见到这种姿势；当后肢瘫痪同时伴有后躯感觉、反射功能的失常，以及排粪、排尿机能紊乱，则多为截瘫，可由于腰扭伤造成脊髓的横断性病变而引起，见图8-9。

图8-9 猪的两后肢瘫痪呈犬坐姿势

猪的运步缓慢，行动无力，可因衰竭或发热引起；行走时疼痛、步态强拘或呈明显的跛行，多为四肢的骨骼、肌肉、关节及蹄部的病痛所致，除应注意一般的外科疾病外，尚应提示骨软病、风湿病、慢性白肌病，以及某些传染病所继发的关节炎（如链球菌性关节炎、继发于慢性猪丹毒或布氏杆菌病等）的可能，见图8-10。

图 8-10 猪的运步缓慢，行动无力

应该特别注意的是，当猪群中有相继发生的多数跛行的病猪并迅速传播时，常为口蹄疫或传染性水疱病的信号和线索，应仔细检查蹄指（趾）部的病变，并结合流行病学资料进行及时诊断和处理。

四、观察体表状况

健康猪的被毛整洁、有光泽。被毛蓬乱而无光泽为营养不良的标志，可见于慢性消耗性疾病（如贫血、体内寄生虫病、结核病等）及长期的消化紊乱；营养物质不足等，某些代谢紊乱性疾病时也可见到这种情况。

有局部脱毛情况时应注意皮肤病（真菌感染等）或体外寄生虫病，如在头、颈及躯干部有多数脱毛、落屑病变，同时伴有剧烈痒感，猪经常在周围物体上摩擦或自己啃咬，甚至使病变部皮肤出血、结痂或形成龟裂，应提示螨病（疥癣）的可能，尤其在冬、春寒冷季节，因猪相互挤压在一起，相互感染以致猪群中该病蔓延而导致大批猪发病。为了确诊，应刮取皮屑（宜在皮肤的病、健部交界处）镜检进行确诊。

如果猪体有大片的结痂、落屑，应注意体外寄生虫病、真菌病，如疥螨、痒螨、虱以及真菌性皮炎等，见图 8-11。

皮肤苍白是贫血的表现，对于仔猪，可将其耳壳透过光线视之。皮肤、黏膜苍白，生长发育不良，可见于各型贫血，见图 8-12。

黏膜、皮肤黄疸是指其被病理产物染成黄色。可见于多种溶血、

图 8-11 猪有局部脱毛情况

图 8-12 小猪皮肤苍白

肝胆疾病等，如病毒性肝炎、实质性肝炎、中毒性肝营养不良、肝变性及肝硬化等。此外，胆道阻塞（如肝片吸虫症、胆道蛔虫病等）、溶血性疾病（如新生仔畜溶血病、钩端螺旋体病等）也常见黄疸症状，见图 8-13。

皮肤、黏膜呈蓝紫色称为发绀症状。轻则以耳尖、鼻端及四肢末端为明显，重则可遍及全身。出现该症状可见于严重的呼吸器官疾病（如传染性胸膜肺炎、猪肺疫、副猪嗜血杆菌病以及流行性感冒等）；重度的心力衰竭，多种中毒病，尤以亚硝酸盐中毒为最明显。此外，中暑、发热性疾病时也常见显著发绀；而猪患有繁殖和呼吸综合征（PRRS）时，可见耳尖明显发绀，俗称为蓝耳病（图 8-14）。

皮肤的红色斑点常由皮肤出血引起，如果是出血点则指压时不褪色。皮肤小点状出血多发于腹侧、股内、颈侧等皮肤相对较薄部位，

图 8-13 病猪皮肤黄疸

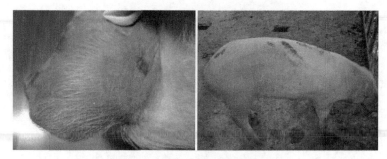

图 8-14 猪耳朵及全身呈红紫色

常为仔猪副伤寒以及猪瘟等的典型病变，亦可见于猪肺疫及附红细胞体感染等疾病，见图 8-15。

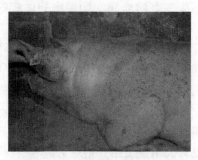

图 8-15 猪瘟时皮肤的出血点

皮肤有较大的充血性红色疹块（图8-16）。可见于猪丹毒等疾病。发生猪丹毒时疹块可隆起呈丘疹块状，典型的猪丹毒丘疹斑块还具有几何形状，指压褪色为其特征。

图8-16 皮肤有较大的充血性红色疹块

此外，当皮肤发生皮疹或疹疱性疾病初期时，也可见红色斑点状病变，但随病程发展即可提示其皮疹或疹疱特点，见图8-17。

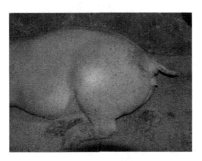

图8-17 猪皮疹

皮肤温度增高是体温升高、皮肤血管扩张、血流加快的表现。全身性皮温增高可见于所有热性病，如大多数传染病过程；局限性皮温增高提示局部的发炎情况。

皮肤温度降低是体温过低的标志。可见于衰竭症、严重营养不良、大失血、重度贫血、严重的脑病及中毒等。渐进性皮肤温度降低是病危的表现。

通常在颈侧或肩前等皮肤较疏松的部位检查皮肤弹性，检查时，用手将皮肤捏成皱褶并轻轻拉起，然后放开，根据皮肤皱褶恢复的速度来判断其弹性。当猪皮肤弹性良好时，拉起皮肤放开后皱褶很快恢复、平展；如褶皱复原很慢是皮肤弹性降低的标志，可见于机体严重脱水以及慢性皮肤病（如疥癣、湿疹等），当然，年龄大的猪皮肤弹性比小猪要差些。

检查猪的皮肤及皮下组织肿胀情况，猪的颜面部与眼睑的浮肿，是仔猪水肿病的临床诊断特征之一。当然，水肿病还应有其他症状，如神经症状等，见图8-18。

图8-18　猪面部与眼睑水肿

在腹壁或脐部、阴囊部触诊时发现有波动感的肿物，应重点怀疑是疝（赫尔尼亚）。在进一步确诊是疝症（腹壁疝、脐疝、阴囊疝）时，可将脱垂的肠管等腹腔内容物还纳（发病时间较长，脱出物和疝环粘连时不易还纳），并可触摸到疝环，听诊时局部或有肠蠕动音，应结合病史、病因等进行区别，见图8-19。

湿疹样病变是指皮肤表面有粟粒大小的红色斑疹，弥漫性分布，尤多见于被毛稀疏部位，可见于猪的皮肤湿疹以及皮炎肾病综合征、仔猪副伤寒、内中毒或过敏性反应等，见图8-20。

饲料疹通常只发生于白皮猪。当猪吃入多量含有感光物质的饲料（如荞麦、某些三叶草、灰菜等）时，经日光照晒后可出现皮肤的斑疹。这种斑疹以项颈、背部最为明显，同时伴有皮肤充血、潮红、水疱及灼热、痛感症状。将病猪置于避光处后，发疹症状即见减轻、消失，并从饲料中可查到致病因素，此病一般不难诊断和鉴别。

图 8-19　猪脐疝

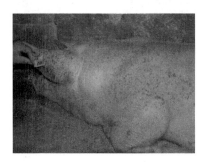

图 8-20　湿疹样病变

丘疹是指猪躯干部呈现多数指尖大的扁平、突出皮肤表面的疹块，同时伴有剧烈痒感，也称荨麻疹，见图 8-21。

图 8-21　皮肤丘疹

猪的皮肤有小水疱性病变，继而溃烂，同时伴有高热，并呈迅速传播的流行特性，常提示口蹄疫或传染性水疱病的可能。前者主要多发于口、鼻及其周围、蹄、趾部，仔猪死亡率较高，大猪死亡率降低；后者多仅见于蹄趾间及皮肤较薄的部位，且仔猪的死亡率也不高。应结合流行病学特点进行分析、判断。流行病学显示偶蹄兽（如牛、羊、猪、骆驼等）均发生感染，则多为口蹄疫；如仅流行于猪，则常为传染性水疱病等，见图8-22。

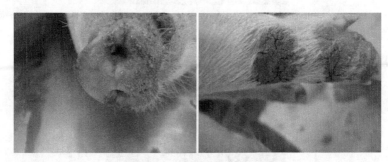

图8-22　猪水疱病水疱破溃后形成的溃疡（左）及猪口蹄疫蹄部溃疡（右）

猪痘多发于鼻端、头面部、躯干及四肢的被毛稀疏部位。对于发生于仔猪的痘疹，还应注意区别仔猪痘样疹，见图8-23。

图8-23　仔猪耳壳痘样疹

仔猪的皮肤及体表战栗与震颤，严重者全身痉挛，如见于生后二三日龄的新生仔猪，则应提示新生仔猪低血糖症，这种情况多见于仔猪的环境温度偏低,病猪多伴有昏迷症状。此外,当猪患脑病或中毒时,亦可表现为痉挛的同时伴有昏迷,见图8-24。

图8-24　仔猪痉挛、抽搐

仔猪全身出现频速的、有节奏的震颤甚至跳动,是仔猪先天性肌震颤的特征,仅见于1月龄内的哺乳仔猪,一般呈良性经过,如护理得当,多经三四周龄后自愈。

在育肥猪,尤其是仔猪,见有耳朵血肿,咬脐带和腹部下垂等情况,多提示猪相互咬尾和咬耳现象,这种情况的发生虽然原因很多,但绝大多数是猪密度过大,环境恶劣所致。因此,当出现猪咬耳朵、咬尾巴等情况时,就提示要改善饲养管理条件和环境了,见图8-25。

图8-25　被其他猪咬脐带后腹部下垂(左)及猪耳被咬伤后坏死(右)

五、可视黏膜的检查

猪的可视黏膜是指用肉眼能看到或借助简单器械可以观察到的黏膜，如眼结膜，鼻腔黏膜，口腔、阴道等部位的黏膜等。健康猪的可视黏膜湿润，有光泽，呈微红色或粉红色。

检查猪的可视黏膜时，除应注意其温度、湿度、有无出血、完整性外，更要仔细观察颜色变化，尤其是眼结膜的颜色变化。

潮红是眼结膜下毛细血管充血的征象。双眼结膜呈弥漫性潮红，常见于各种发热疾病及某些器官、系统的广泛性炎症过程，单侧眼结膜潮红提示为单眼结膜炎情况，见图8-26。

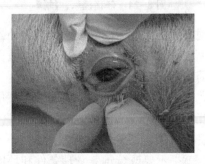

图8-26　猪眼结膜潮红

苍白是指结膜色淡，甚至呈灰白色。是各型贫血的特征，尤其常见于仔猪的缺铁性贫血，见图8-27。

发绀即可视黏膜呈蓝紫色。系缺氧，血液中还原血红蛋白增多或形成大量变性血红蛋白的结果，如亚硝酸盐中毒、严重的心功能不全及呼吸系统疾病等，见图8-28。

黄疸是指眼结膜等黏膜、皮肤被病理产物染成黄色的情况，一般在巩膜处比较明显而易于观察。黄疸的发生是胆色素代谢障碍的结果，实质性黄疸见于各种类型的肝细胞受损的肝炎过程，如病毒性肝炎；溶血性黄疸是指在各种病因作用下，导致红细胞被大量破坏的病理现象，如猪附红细胞体病等；阻塞性黄疸多见于各种原因导致的胆管阻塞，胆汁无法进入十二指肠，经过肝细胞窦状隙等途径进入血液

图 8-27　眼结膜黄白色

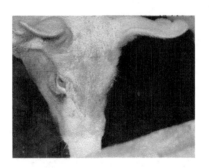

图 8-28　结膜呈紫红色

的情况，如胆管结石及胆道蛔虫症等；综合性黄疸是指各种原因叠加起来形成的黄疸症状，见图 8-29。

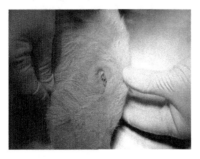

图 8-29　角膜黄疸，结膜、眼睑水肿

六、体表淋巴结的检查

淋巴结是机体的重要免疫器官，是机体抵御病原侵入的"前沿哨所"，几乎在猪的所有传染病当中，淋巴结都会发生程度不同的变化。因此，在猪的临床检查中应该十分注意浅在淋巴结的检查。

体表淋巴结很多，但常检查的淋巴结主要有下颌淋巴结、腹股沟淋巴结等。检查淋巴结可用视诊、触诊等方法，比较常用的是触诊的方法。必要时，可配合穿刺检查法。

进行浅在淋巴结的视诊、触诊检查时，主要注意其位置、大小、形状、硬度及表面状态、敏感性及其可动性（与周围组织的关系）。

淋巴结的病理变化主要可表现为急性或慢性肿胀，有时可发生化脓等情况。当患猪瘟、猪丹毒等疾病时，淋巴结（如腹股沟淋巴结等）可发生明显的肿胀。因此，当检查发现淋巴结发生肿胀时，应重点怀疑传染病问题，见图8-30。

图8-30 腹股沟淋巴结肿大

七、听声音

听声音属于广义上的听诊范畴，在诊断猪病上具有重要意义。

由于猪的脂肪层较厚，使用听诊器进行听诊受到了很大的限制，通常听猪的声音是指不借助任何仪器设备直接听取猪发出的各种声响。

应当在猪舍进行巡查视诊的同时实施听诊，以便及时发现猪发出的各种异常的病理性声响。尤其注意听取其病理性声音，如喘息、咳嗽、喷嚏、呻吟等，更应注意判明其喘息（呼吸困难）的特点及咳嗽的性质，这对诊断猪呼吸系统疾病具有重要且特殊的意义。

当巡视同时进行的听诊尚不足以判明疾病状态时，可采用静止状态听诊法。具体做法如下：在完成猪舍的日常管理操作后，关好门窗，兽医人员静静地来到猪舍外窗台下，仔细听取猪舍内猪在安静状态下发出声音。如果在这种状态下猪仍然频频发出的咳嗽声，至少提示有喘气病等呼吸系统疾病存在的可能。咳嗽次数的多少、频率的高低、困难程度，代表喘气病等呼吸系统疾病的严重程度。这种诊断方法也是针对呼吸系统疾病决定采取何种应对措施的主要依据之一。

八、观察大、小便情况

大、小便状况是评价猪消化与排泄的功能和活动状态的重要内容。因此，在对猪个体进行临床检查时要多加注意。

猪的消化系统疾病是常见且多发的疾病，临床上以腹泻、脱水以及消瘦为主要症状，见图8-31。

图8-31　瘦弱的小猪

当出生10d之内的小猪排出黄色稀便，是脂肪性腹泻或仔猪黄痢的典型症状，见图8-32。

该阶段的小猪如果排出红色粪便、褐色而黏稠，且死亡率较高，通常提示有产气荚膜梭菌的感染情况，见图8-33。

在10d之后至断奶前后的仔猪，如果便出灰白色或灰黑色的稀

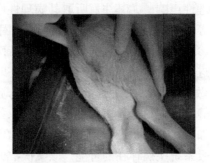

图 8-32　小猪排出黄色稀便

图 8-33　小猪的粪便红色、褐色而黏稠

便，虽然死亡率不高，但常发展成为僵猪，这是诊断仔猪白痢的重要临床症状，见图 8-34。

图 8-34　出生 2 周小猪腹泻

而在秋季常出现的猪上吐下泻，发展迅速，大猪的死亡率不高，小猪的死亡率很高，且病情传播速度很快，应重点怀疑流行性腹泻或传染性胃肠炎，见图8-35。

图8-35　脱水死亡的小猪

在大猪、母猪（尤其是怀孕母猪）常发生的便秘情况，除了是在特殊时期的生理状况外（怀孕等），通常是饲料粗纤维含量少、饲料粉碎粒度太细的结果，见图8-36。

图8-36　猪排粪少而硬

在猪附红细胞体感染等疾病过程中，由于血液中红细胞遭到大量破坏，猪的小便常呈深黄色甚至酱油色，见图8-37。

在以发热为主要和先期症状的传染病中，小便均呈赤黄色，该症状对诊断发热性疾病有所帮助。如果小便混浊带脓，说明有泌尿系统感染化脓等情况，见图8-38。

图 8-37　病猪小便呈酱油色

图 8-38　病猪尿液深黄色

九、测量体温、脉搏及呼吸数

体温、脉搏、呼吸数是动物生命活动的重要生理指标。猪在正常情况下，除受外界气候及运动、温度变化等环境条件的影响而发生暂时性变动外，一般体温、脉搏、呼吸数都保持在一个较为恒定的范围之内。

但是，在疾病过程中，机体受致病因素的影响，这些指标会发生不同程度和形式的变化。因此，临床上测定这些指标的变化情况，在诊断疾病和分析病程的变化上有重要的实际意义。

在排除生理性的影响之后，猪体温的升、降变化即为病态，常见为体温升高情况。

测定体温变化的另一个重要性在于，比如在发生某些疾病时，临床上其他症状尚未显现之前，体温升高症状即先出现。所以，测量体温可以发现猪病早期症状，尤其是传染性疾病，有助于进行早期、及时的诊断，特别在猪群中发生大规模疫情时（如猪群中流行猪瘟、传染性胸膜肺炎以及猪肺疫等疾病时），定期、逐头测定体温，是早期诊断、及时采取防治措施的重要手段。

由病理原因引起的体温升高，称为热性病或发热病，系猪机体对病原微生物及其毒素、代谢产物或组织细胞的分解产物（如绝大多数传染病或去势手术等术后的发热）的刺激所致，以及某些有毒物质被吸收后所发生的临床反应。此外，也可能是体温调节中枢受某些因素刺激（如日射病、脑出血等）的结果。

由于病理性的原因引起体温低于常温的下界，称为体温过低或低体温。

低体温可见于老龄猪，重度营养不良、严重贫血的病猪（如重度营养不良、仔猪低血糖症等），也可见于某些脑病（如慢性脑室积水或脑肿瘤）及中毒等。

伴随每次心室收缩，向主动脉搏送一定数量的血液，同时引起动脉的冲动，以触诊的方法可感知浅在动脉的搏动称为脉搏。诊查脉搏可获得关于心脏活动机能与血液循环状态的信息，在疾病的诊断及预后的判定上有很重要的实际意义。检脉时要注意其频率、节律及性质的变化。

脉搏的频率，即每分钟内的脉搏次数。脉搏次数的病理性增多，是心动过速的结果。脉搏次数的病理性减少，是心动徐缓的指征。由于猪的皮下脂肪比较厚，不易触摸到脉搏，因此，猪的脉搏检查项目使用频率不高。

猪的呼吸活动是由吸入及呼出两个阶段组成。呼吸的频率一般以次/min 表示。计测呼吸次数的方法：一般可观察猪胸、腹壁的起伏动作进行计算。当寒冷季节、可根据其呼出的气流计数。

呼吸次数的病理性改变，可表现为呼吸次数增多或减少，但以呼吸次数增多为常见，尤其在发热状态下，随着脉搏次数增多，呼吸频率都会相应地提高。

体温、脉搏、呼吸数等生理指标的检测，是临床诊疗工作的重要且常规的内容，对任何猪病都应认真地实施。而且要随病程的经过、变化，每天定时进行测定并记录。

惟有系统而全面的群体与个体诊查，才能得到充分而真实的症状信息，为正确地诊断猪病提供可靠的基础资料。

第三节　病理剖检

从猪病的临床特点来看，当猪发生疾病时，大多数临床症状是相同的或者是相似的。比如精神萎靡、食欲下降、发热等。真正的特征性症状、典型的示病症状并不多见。因此，诊断猪病往往要根据流行病学资料、饲养管理情况、环境状况、饲料情况、遗传情况以及治疗情况等进行综合判断。这也是猪病诊断和治疗的难点所在。因此，在发生猪病时，特别在猪群发生流行性疾病时，及时地对典型病猪或病死猪进行病理剖检，根据发现的共性的特征性病理变化，做出病理解剖学或病理组织学诊断，对临床诊断提供佐证和补充，具有十分重要的实际意义和应用价值。

在猪病发生过程中，往往在死亡猪的体内、体外存在很多典型的病理变化，根据病理变化特征而做出的综合性病理学诊断，是猪病临床诊断很重要的判定依据。因此，在猪病的临诊工作中，应对具有代表性的病死猪只尽可能做病理剖检，至少要剖检3头以上，力求找到具有共性的、典型的病理变化特征，以补充临床诊断依据的不足。以下重点介绍剖检病死猪时的剖检程序及观察要点。

一、仔细观察体表、口鼻及自然孔

对于将要进行剖检的病死猪，首先要观察体格大小及营养状况、尸僵情况、体表状态、口鼻及自然孔，注意可能出现的所有变化。

认真观察体表的所有细节。包括：颜色变化，有无外伤、结痂及其发生的部位、大小，有无全身和局部脱毛及其他变化等，见图8-39。

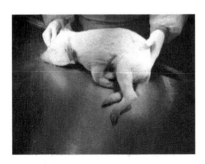

图8-39　查看全身体表状况

然后检查蹄壳、蹄踵部以及指（趾）间状况，见图8-40。

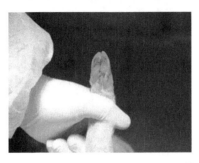

图8-40　仔细查看蹄部的背侧和腹侧情况

观察关节部位是否有肿胀或其他异常，并查看其活动状态，见图8-41。

对于病死猪头部的观察，要特别注意鼻孔、猪嘴、耳朵及眼睛等部位，查看鼻孔有无液体流出、颜色及性状等；嘴部有无外伤、溃烂、坏死及结痂，耳朵颜色、形状，有无缺损、坏死及结痂等；眼睛有无凹陷、肿胀等，见图8-42。

在对肛门与生殖器部位的观察中，注意查看有无粪便污染，粪便的颜色及性状，后躯、肛门及睾丸等有无畸形，尾巴的状态等，见图8-43。

在剖开之前，还应该注意观察不同区域皮肤及被毛情况，并详细检查体表浅在的淋巴结。如果有必要也可以对皮肤及附属器官采样进

图 8-41　查看关节周围并扭动关节

图 8-42　查看猪嘴部及吻突

图 8-43　查看猪后躯

行病理组织学检查。采样时，应采集皮肤及器官具有代表性的样本，所采集的皮肤样本不应过大，也不应含有正常的组织器官（表 8-3）。

表8-3　猪尸体外部变化可能涉及的疾病

器官	病理变化	可能涉及的疾病
眼	眼角有泪痕及眼屎	流感、猪瘟等
	眼结膜充血、苍白、黄染	热性传染病、贫血、黄疸等
	眼睑水肿	猪水肿病等
口鼻	鼻孔有炎性渗出物流出	流感、喘气病、萎缩性鼻炎等
	鼻子歪斜、颜面变形	萎缩性鼻炎等
	上唇吻突及鼻孔有水泡、糜烂	口蹄疫、水疱病等
	齿龈、口角有点状出血	猪瘟等
	唇、齿龈、颊部黏膜溃疡	猪瘟等
	齿龈水肿	水肿病等
皮肤	胸腹和四肢内侧皮肤有大小不一的出血点	猪瘟、湿疹等
	出现方形、菱形等红色疹块	猪丹毒等
	耳尖、鼻端、四肢呈紫色	沙门氏菌病等
	下腹部和四肢内侧有痘疹	猪痘等
	蹄部皮肤有水泡、糜烂、溃疡	口蹄疫、水泡病等
	咽喉明显肿大	链球菌病、猪肺疫等
肛门	肛门周围有黄色粪便污染	腹泻等

二、检查皮下组织、肌肉及骨骼

在观察皮下组织时，应该用解剖刀从下颌支中间开始一直到肛门实施直线切开，注意切口不要太深，不能伤及其他器官，见图8-44。

切开后，小心剥离皮肤与皮下组织，以得到完整的皮下组织，注意观察皮下组织颜色，有无淤血、出血点、溃疡、脓肿及坏死、干湿程度等，见图8-45。

接下来要寻找浅在的淋巴结。很容易找到皮下淋巴结，注意观察其大小、表面状况，在淋巴结上做纵向切开，以便观察其切面有何变化。如果要对淋巴结进行特殊研究或检查其是否硬化、有无钙化、沉淀等，也可以做横向切片，切片厚度4~5mm，见图8-46。

图 8-44 自下颌至肛门直线切开

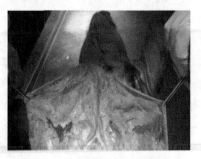

图 8-45 剥离皮肤，观察皮下组织

图 8-46 查看腹股沟淋巴结

　　然后对肌肉整体进行表面观察，观察有无蜡样坏死，有无出血、充血及淤血以及其他可能出现的变化。然后进行肌肉局部观察，对局部观察同样有很重要意义。观察局部肌肉时，应该在不同肌群中，选择有代表性的肌肉做切口以便进行观察，见图 8-47。

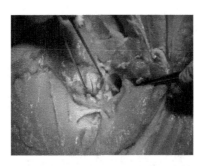

图 8-47　切开髋关节，观察其周围肌肉情况

在观察、分析关节及周围区域时，注意不要破坏软骨组织及关节腔，以便观察关节腔内容物。检查时，尽可能打开猪体不同部位的关节，以便评价关节周围、关节腔及其内容物的变化是局部的还是全身性质的，见图 8-48。

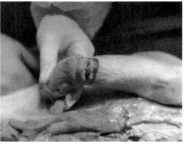

图 8-48　打开关节腔

三、检察颈部及胸腔

这一阶段的重要操作是打开胸腔。首先，切断舌骨及颈部肌肉，以便暴露食管和气管，观察咽喉部、气管和食道。接下来用解剖刀水平切开胸骨连接处，向后切到腹腔进口处，然后切开肋间肌把肋骨分开，掰断肋骨，这样就可以得到整个胸腔的平面，观察、分析所有可能出现的异常，如胸腔积液、肺与胸壁粘连或其他病理变化。如果更进一步把肺脏从胸腔分离出来，还可以观察到支气管和胸腔纵隔淋巴结，以及脏器表面分布的众多血管，见图8-49。

图 8-49　打开胸腔

如果单纯检查心包膜、心肌及心腔时，没有必要从胸腔分离出心脏。首先，切开心包膜，观察其内容物和心外膜表面的状况。接下来切开心腔，先打开右心，再打开左心，切开时应当从心脏的顶端一直切到心脏底部，这样所有的心室、心房及其瓣膜都会清晰可见，切开后要注意观察所有可能出现的变化，见图8-50。

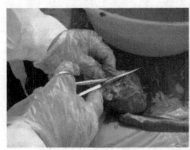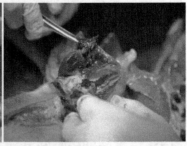

图 8-50　切开心房、心室

肺部的检查应该包括肺表面间质的检查及其表面可能出现的其他病理变化。然后在肺的不同部位做横向切开，这样可以对肺部表面和内部发生的所有变化作出比较全面的评价。在此阶段，如果有必要也可以采取肺和心脏的样本做病理组织学检查。要注意的是，样本的采集应包括正常组织和病变组织，以便进行对比观察、研究，见图8-51。

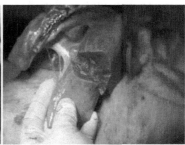

图8-51　检查肺部表面并将肺叶横切开

四、检查腹腔及消化道

必须要注意的是，在尸体剖检过程中不能随意舍弃任何一部分。尸体解剖要为更进一步的病理组织学检查提供完整的样本。

沿胸腔切口继续向后切，切开横膈膜后暴露出腹腔。在这一阶段，要对腹腔中腹膜和腹腔淋巴结作整体的观察与评价，必要时还可以对部分淋巴结作病理切片，以便进一步观察其组织病理学变化情况，见图8-52。

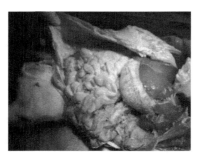

图8-52　打开腹腔

接下来再观察消化道的状况。在检查胃时，将胃部从贲门部的食道开始，沿着胃大弯的弯曲部将整个胃切开，此时可以看清胃壁切面及黏膜的状况，详细查看胃的各个部位，尤其注意有无水肿、出血、溃疡和坏死等情况。在消化道检查中，对胃的检查非常重要，应仔细观察，见图8-53。

图8-53　观察胃黏膜

在对肠管进行检查时，打开肠管时尽量不要损伤肠黏膜。

用福尔马林溶液清洗肠腔，不仅可以除去脏物，还是很好的黏膜固定方法。经过固定后的黏膜，可以在实验室中进行各种详细检查。

从十二指肠开始到结肠及直肠，不同部分的肠管都要打开，细致检查，打开每一段肠管后，重点检查其内容物及黏膜状况，见图8-54。

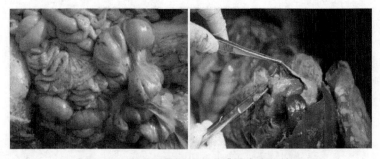

图8-54　打开肠管并检查黏膜及内容物情况

五、检查肝脏、脾脏、肾脏及泌尿生殖系统

在腹腔的剖检中，除了消化道以外的其他脏器均需检查。除特殊需求外，此过程没有必要将脏器移出腹腔。检查时注意脏器的颜色、大小以及内容物的状态等，要切开肝脏、脾脏，并对切面进行仔细观察，必要时可进行拓片等特殊病理学检查。对存在于腹腔的膀胱及输尿管等部分泌尿生殖器官也要进行检查、判定。仔细观察胆囊及其内容物状态、大小及性状。同时检查各个内脏器官与腹部其他结构的关联状态，见图 8-55。

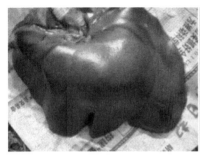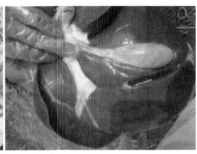

图 8-55　检查肝脏（左）及胆囊（右）

在检查肾脏时，应先脱去外包膜，去除包膜的难易程度也是肾脏有无病变的一个指标。然后纵向切开肾脏，暴露肾皮质和髓质，以便观察切面及肾盂和肾小管的变化情况，注意有无出血点（尤其注意细小的出血点）、化脓、坏死以及肿瘤等。如果需要做组织病理学检查，可以采取"V"形采样法采集样本。采样时要在病变部和非病变交界处采取，以便进行对比观察，见图 8-56。

六、检查头骨及鼻腔

在进行脑骨检查之前，如果有必要，应先抽取一定量的脑脊髓液以备进一步的实验室检查。采样时，首先找到寰、枢椎结合处，在缝隙处慢慢插入针头使之进入脑脊髓腔，吸取 5～10mL 的脑脊髓液备检，见图 8-57。

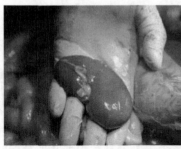
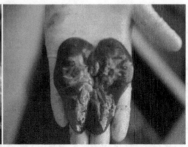

图 8-56　纵向切开肾脏观察肾皮质和髓质

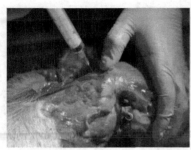
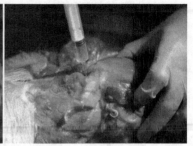

图 8-57　在寰椎、枢椎结合处插入针管，吸取脑脊液

在检查颅腔时，如果只需要得到脑髓时，不需要把整个猪头从猪体上分离。首先找到寰、枢椎结合处，小心切断颈椎，但不切断颈背部皮肤。然后剥离皮肤直到口鼻区，这样头部仍然和躯体相连。

接下来可以打开颅腔，这也是检查颅腔的关键环节，见图 8-58（左）。第一个锯口应该沿枕骨节结到一侧眼睛的方向锯开，见图 8-58（右）。

同样的，再沿枕骨节到另一只眼睛的方向锯开，然后用手抬高猪头前部，再沿两眼后角的连线方向锯开，见图 8-59（左）。揭去切开的头骨，暴露大脑，仔细观察脑组织，注意充血、淤血、坏死以及占位性病变（如脑包虫等）等，并作详细的分析、判定，见图 8-59（右）。

最后检查鼻腔。可以在第二或第三前臼齿齿缝处横向锯断鼻骨后

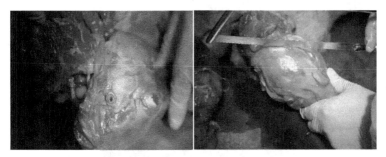

图 8-58　在寰、枢椎结合处切断颈椎（左）并在枕骨结节和右眼连线处锯开（右）

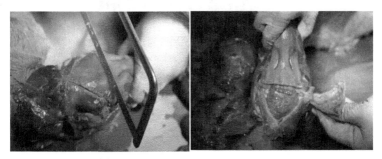

图 8-59　在两眼后角连线方向锯开（左）仔细观察脑组织（右）

进行观察。当然，如果有必要也可以纵向锯开鼻腔，见图 8-60。

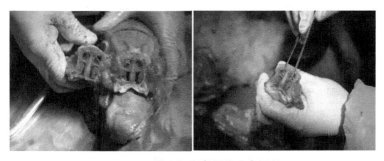

图 8-60　横向锯断鼻骨检查鼻甲骨

当剖检过程全部结束后，除了取走的部分样本以外，不要从猪体上分离任何组织、器官，所有的组织器官均应经过观察、判定。然后将剖检后的尸体整理归位，装进专用尸体剖检袋妥善销毁，对剖检场地、器械以及设备等相关物品进行彻底消毒，见图8-61。

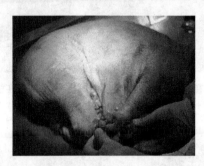

图8-61　剖检后整理尸体

各器官病理变化所对应的可能疾病总结如下，见表8-4。

表8-4　各器官病理变化所对应的可能疾病

器官	病理变化	可能的疾病
淋巴结	颌下淋巴结肿大，出血性坏死	猪炭疽、链球菌病等
	全身淋巴结大理石样出血变化	猪瘟等
	咽、肠系膜淋巴结出现黄白色干酪样坏死灶	猪结核等
	淋巴结充血、水肿、小点状出血	急性猪肺疫、猪丹毒、链球菌病等
	支气管淋巴结、肠系膜淋巴结出现髓样肿胀	喘气病、猪肺疫、胸膜肺炎、副伤寒等
肝	出现小坏死灶	沙门氏菌病、猪肺疫、李氏杆菌病、伪狂犬病等
	胆囊出血	猪瘟、胆囊炎等
脾	脾边缘有出血性梗死灶	猪瘟、链球菌病等
	稍肿大，呈樱桃红色	猪丹毒等
	淤血肿大，呈灶状坏死	弓形体病等
	脾边缘有小点状出血	仔猪红痢等

（续表）

器官	病理变化	可能的疾病
胃	胃黏膜有斑点状出血，溃疡	猪瘟、胃溃疡等
	胃黏膜充血，卡他性炎症，呈大红布样	猪丹毒、食物中毒等
	胃黏膜下水肿	仔猪水肿病等
小肠	肠黏膜小点状出血	猪瘟等
	阶段状出血性坏死，浆膜下有小气泡	仔猪红痢等
	以十二指肠为主的出血性、卡他性炎症	仔猪黄痢、猪丹毒、食物中毒等
大肠	盲肠、结肠黏膜有灶状或弥漫性坏死	慢性副伤寒等
	盲肠、结肠黏膜出现纽扣状溃疡	猪瘟等
	出现卡他性、出血性炎症	猪痢疾、胃肠炎、食物中毒等
	黏膜下出现高度水肿	水肿病等
肺	有出血斑点	猪瘟等
	出现纤维素性肺炎	猪肺疫、传染性胸膜肺炎等
	心叶、尖叶、中间叶肝样变	喘气病
	有水肿、小点状坏死	弓形体病等
	出现粟粒性、干酪样结节	结核病等
心脏	心外膜有斑点状出血	猪瘟、猪肺疫、链球菌病等
	心肌出现条纹状坏死带	口蹄疫等
	出现纤维素性心外膜炎	猪肺疫等
	心瓣膜有菜花样增生物	慢性猪丹毒等
	心肌内有米粒大灰白色包囊	猪囊尾蚴病等
肾	苍白、出现小点状出血	猪瘟等
	高度淤血，有小点状出血	急性出血等
膀胱	黏膜层有出血斑点	猪瘟等
浆膜及浆膜腔	浆膜出血	猪瘟、链球菌病
	出现纤维素性胸膜肺炎及粘连	猪肺疫、喘气病等
	积液	传染性胸膜肺炎、弓形体病等

（续表）

器官	病理变化	可能的疾病
睾丸	单、双侧睾丸发炎肿大、坏死或萎缩	乙型脑炎、布鲁氏菌病等
肌肉	臀肌、肩胛肌、咬肌等处有米粒大囊包	猪囊尾蚴病等
	肌肉组织出血、坏死，含有气泡	恶性水肿等
	在肋间肌等处见有与肌纤维平行的毛根状小体	肌肉孢子虫病等
血液	血液凝固不良	链球菌病（败血症）、中毒性疾病等

各种常见疾病的剖检诊断依据见表8-5。

表8-5　主要猪病的剖检诊断

疾病	主要病理变化
仔猪红痢	空肠、回肠有阶段性出血性坏死
仔猪黄痢	主要在十二指肠有卡他性炎症、鼓气
轮状病毒感染	胃内有凝乳块，大、小肠黏膜呈弥漫性出血，肠壁变薄
传染性胃肠炎	主要病变在胃和小肠，充血、出血并含有未消化的小凝乳块，肠壁变薄
流行性腹泻	病变在小肠，肠壁变薄，肠腔内充满黄色液体，肠系膜淋巴结水肿，胃内空虚
仔猪白痢	胃肠黏膜充血，含有稀薄的食糜和气体，肠系膜淋巴结水肿
沙门氏菌病	盲肠、结肠黏膜呈弥漫性坏死，肝、脾淤血并有坏死点，淋巴结肿胀、出血
猪痢疾	盲肠、结肠黏膜卡他性、出血性炎症，肠系膜充血、出血
猪瘟	皮肤、浆膜、黏膜及肾、喉、膀胱等器官表面有出血点，淋巴结充血、出血、水肿，回盲口有纽扣状溃疡
猪丹毒	体表有凸起的几何形状充血肿块，心内膜有菜花状增生物，关节炎
猪肺疫	全身皮下、黏膜、浆膜有明显出血，咽喉部水肿，出血性淋巴结炎，胸膜与心包粘连，肺出现肉样变
仔猪水肿病	胃壁、结肠黏膜和下颌淋巴结水肿，下眼睑、颜面及头颈皮下水肿

（续表）

疾病	主要病理变化
气喘病	肺的心、尖、中间叶及部分膈叶下端出现对称性肉样变，肺门及纵隔淋巴结肿大
链球菌病	败血型链球菌病在黏膜、浆膜及皮下均有出血斑，全身淋巴结肿大、出血，心包、胸腔积液，肺呈化脓性支气管炎变化，关节有炎性变化
传染性胸膜肺炎	肺组织呈紫红色变化，切面似肝组织，肺间质充满血色胶样液体，肺与胸膜粘连
弓形体病	耳、腹下及四肢等处有淤血斑，肺水肿，肝淋巴结有怀死灶
仔猪低血糖症	肝呈橘黄色，边缘锋利，质地似豆腐，胆囊肿大，肾呈土黄色，有出血点

第四节　实验室检查

在很多情况下，仅仅根据一般的临床检查和病理剖检，还难以得出明确的猪病诊断结论。因此，常要进行某些特殊项目的检验。检查项目和如何检查要根据实际情况和需要而决定。比如实验室的微生物学检查、血清学检查、免疫学检查、血常规检查、X 线透视或照相（如针对猪气喘病、萎缩性鼻炎等）检查以及寄生虫学检验等。以下概要介绍微生物学检查、血清学检查、变态反应以及部分分子生物学诊断技术。如果在实验室实施以下检查内容时，可以本节介绍的内容为基础，查找专门的实验技术资料。

一、微生物学检查

运用微生物学的技术、方法进行病原分离、鉴定，是诊断猪传染病的重要方法之一。一般常采用下列程序和方法。

1. 采集病料

正确采集病料是微生物学检查的关键环节。所采集的病料力求新鲜，最好能在濒死时或死后数小时内采取。要尽量减少杂菌和其他污染因素，所使用的用具、器皿务必在使用前后进行严格消毒。

通常根据临床以及病理诊断所怀疑疾病的种类和特性，决定采取的器官或组织的病料。原则上要求采取病原体含量多、病变明显部位的组织或体液。同时，病料要易于采取、保存和运送。

如果缺乏临床初步影像诊断资料，剖检时又难以分析、判断可能属于何种疾病时，就要进行比较全面的取材，例如血液、脑脊液、肝、脾、肺、肾、脑和淋巴结等及体液、组织或器官。需要强调的是，采集时一定要采取带有明显病变的部位。

但是，如果怀疑所患疾病可能是炭疽等烈性的人兽共患病时，除非必要时在特殊环境条件和严格防护措施下进行解剖、取材外，不得作尸体剖检，只割取一块耳朵即可。

2. 将病料涂片、镜检

通常在有显著病变的不同组织、器官，以及不同部位涂抹数张玻片，进行染色镜检。如果取材、染色以及镜检等环节没有问题，此法对一些具有特征性形态的病原微生物，如炭疽杆菌、巴氏杆菌等可以迅即作出诊断，但对大多数传染病来说，只能提供进一步检查的方向或参考依据。

3. 分离培养和鉴定病原

用人工培养方法将病原体从病料中分离出来。对于细菌、真菌以及螺旋体等可选择适合的人工培养基，对于病毒等可选用鸡（禽）胚胎进行分离，也可以采用各种动物或组织等进行分离、培养。分离出病原体后，再进行形态学、培养特性、动物接种以及免疫学试验等必要的试验，以求对病原体作出进一步鉴定，最好能确定该种病原体的种、属。

4. 将病原体接种于动物

通常选择对该种病原体最敏感的动物进行人工感染试验。将病料用适当的方法给动物进行人工接种，然后根据该病原体对不同动物的致病力、所表现的症状和病理变化特点进行进一步的诊断。当试验动物死亡，或经过接种一定时间后剖检观察动物体内的病理变化，采取典型病变部位的病料进行涂片检查和分离鉴定，并与初始分离、培养的病原体的所有特性进行对比。

常用的试验动物有家兔、小鼠、豚鼠、仓鼠、家禽以及鸽子等，当小动物对该病原体无感受性时，也可以采用有易感性的大动物进行试验。但使用大动物试验时，费用大，而且需要适合的环境条件、适当的隔离条件和严格的消毒措施。因此，只有在非常必要和条件许可情况下才能进行大动物接种试验。

从病料中分离出微生物，虽然是确诊所患疾病的重要依据，但也应注意动物的"健康带菌"现象。因此，病原体分离的结果还需与临床初步诊断结果及流行病学、病理变化结合起来进行综合分析、判断。有时即使没有发现病原体，也不能完全否定该种传染病的存在。

二、血清学检查

血清学检查、诊断方法在传染病诊断和检疫中是常用的重要检查手段，其原理是利用抗原和抗体特异性结合的免疫学反应。

检查时，可以用已知抗原来测定被检动物血清中未知的特异性抗体；也可以用已知的抗体（免疫血清）来测定被检材料中的未知抗原。

血清学试验包括中和试验，如毒素、抗毒素的中和试验、病毒中和试验等；凝集试验，如直接凝集试验、间接凝集试验、间接血凝试验、SPA 协同凝集试验和血细胞凝集抑制试验等；沉淀试验，如环状沉淀试验、琼脂胶扩散沉淀试验和免疫电泳等；溶细胞试验，如溶菌试验、溶血试验等；补体结合试验、免疫荧光试验、免疫酶技术、放射免疫测定、单克隆抗体和核酸探针等。近年来，伴随着现代生物技术的快速发展，血清学试验在方法上日新月异，特异性日益增强，精准度日益提高，应用范围越来越广，已成为疾病快速诊断的重要工具。

三、变态反应

动物患某些传染病（主要是慢性传染病）时，可对该病病原体或其产物（某种抗原物质）的再次侵入发生强烈反应，这种反应称为变态反应。能引起变态反应的物质（病原体、病原体产物或抽提物）称为变态原（变应原），如结核菌素、鼻疽菌素等。将这种变态原注入患病动物机体时，可引起局部或全身反应，该反应称为变态反应。

四、分子生物学诊断技术

分子生物学诊断又称基因诊断，主要是针对不同病原微生物所具有的特异性核酸序列和结构进行测定、比对。

自 1976 年发明分子生物学诊断技术以来，基因诊断方法取得了巨大进展。目前已经建立了 DNA 限制性内切酶图谱分析、核酸电泳图谱分析（如鸡传染性法氏囊病毒、呼肠孤病毒等都有特征性电泳条带图谱）、核苷酸指纹图；核酸探针（原位杂交、斑点杂交，northern 杂交，Southern 杂交等）、聚合酶链反应（Polyntemse Chain Reaction，PCR）、Western 杂交，以及新近几年发展起来的 DNA 芯片（DNA Chip）技术。在疾病诊断方面具有代表性的分子生物学技术主要有 3 大类：PCR 技术、核酸探针和 DNA 芯片技术，简要介绍如下。

1. PCR 技术

PCR 技术又称为体外基因扩增技术。诞生于 1985 年，由美国 PE-oetus 公司 Mullis 等发明，1987 年获得了美国专利局颁发的专利。

PCR 技术的主要作用是检测病原体的特异性核酸序列，主要用于疾病的早期诊断和病原体的准确分类、鉴定。

从细胞生物学角度来看，传染病的病原体主要有真核生物、原核生物和非细胞性生物（病毒、朊病毒等）3 大类，每类病原体都有其特异性的核酸序列。因此，检测出特异性核酸序列就能确定该病的病原微生物的存在，进而确诊是由这种致病微生物引起的传染病。

目前，可以在 GenBank 中检索到大部分病原微生物的特异性核酸序列。PCR 技术就是根据已知病原微生物特异性核酸序列，设计合成与其 5′端同源，3′端互补的二条引物，在体外反应管中加入待检的病原微生物核酸，也称为模板 DNA。

将引物、dNTP 和具有热稳定性的 Taq DNA 聚合酶加入反应体系中，在适当条件下（Mg^{2+}离子、pH 等）将该反应体系置于自动化热循环仪（PCR 仪）中，经过变性、复性、延伸阶段，3 种反应温度为一个循环，进行 20~30 次循环、扩增其基因序列。

如果待检的病原微生物核酸与引物上的碱基相匹配，合成的核酸产物就会以 Zn（n 为循环次数）呈指数递增。

产物经琼脂糖凝胶电泳后，可见到预期大小（以标准比对物，Mark 作参照物）的 DNA 条带出现，据此就可作出该病原体确切存在的判断。

PCR 技术具高度敏感性，可从 10 万个细胞中检出 1 个被病毒感染的细胞。马立克氏病毒（MDV）感染鸡第 5d 时就可从血液中检出 MDV 病毒核酸。微量 PCR 的敏感性可达 0.1pg DNA 量。

PCR 诊断方法还具有高度特异性。比如用 PCR 方法可将 MDV 致瘤毒株与非致瘤毒株区分开来，这是一般免疫学诊断方法难以达到的。

PCR 方法也是简便、快速的诊断方法。现在已经建立了反转录 PCR（RT-PCR）、套式 PCR（Nested PCR）、毛细管 PCR 等多种 PCR 方法。

目前报道用 PCR 技术检测的传染病有很多，如口蹄疫、猪瘟、猪伪狂犬病、猪细小病毒病、鸡白血病、马立克氏病、禽流感、新城疫、鸡和猪的支原体感染、鸡传染性贫血等。

PCR 技术已经广泛应用于各种传染病的诊断和检疫中。目前，只要知道病原微生物特异的核酸序列，就可用 PCR 方法检测到这种微生物。

2. 核酸探针技术

核酸探针技术又称为基因探针、核酸分子杂交技术。该方法主要由 3 个部分组成：①待检核酸（模板）；②固相载体（NC 硝酸纤维膜或尼龙膜）；③用同位素、酶、荧光标记的核酸探针。

核酸探针技术主要有下列几种：原位杂交（直接在组织切片或细胞涂片上进行杂交反应）；斑点杂交（将待检的核酸或细胞裂解物，经过变性后直接点在固相膜上）；Southern 杂交（将待检 DNA 经

内切酶切断，经琼脂糖凝胶电泳，变性后转到固相膜上）；northern
杂交，该方法与Southern杂交基本相同，但待检的是RNA。

探针材料是取自已知的病原微生物核酸片段，或DNA或cDNA
文库中记载的核酸片段，或者根据已知病原微生物核酸序列，设计、
人工合成特异的寡核酸片段，总之探针核酸是已知的。然后标记上同
位素、地高辛、生物素等制备成探针。

模板核酸与探针经过变性、复性等阶段，根据碱基配对原则，如
果模板核酸与探针核酸是同源的，则二者结合，否则不反应（与抗
原抗体反应原理类似）。

利用酶和底物的反应或放射自显影方法，就可以在固相膜的相应
位置上出现预期的条带，这样便可作出准确诊断。

基因探针方法敏感性高，检测一个单基因仅需10^4拷贝便能检测
出低至10^{-13}g DNA，如果用单克隆抗体检测方法则至少需要10^7抗原
分子。该方法特异性强，可以从污染标本或混合标本中正确鉴定出目
的病原微生物；简便、快速，在一个标本中，可同时检出几种基因。

探针诊断应用范围包括：①对病毒、细菌、支原体、立克次氏
体、寄生虫及原虫等病原体作出快速、准确的诊断；②在混有大量杂
菌或混合感染物中直接检出主要病原体，包括难以在体外分离、培养
的病原；③检出带菌、带毒等呈隐性感染状态的动物；④对病原微生
物进行准确分类、鉴定；⑤对动物产品或动物性食品进行安全检验。

3. DNA芯片技术

DNA芯片技术是在核酸杂交、测序的基础上发展起来的一项分
子生物学诊断技术，与Southern杂交，Northern杂交同属一个原理，
即DNA碱基配对和序列互补原理。

DNA芯片又称为微排列（Microarray），属于生物芯片的一种。
该项技术采用成熟的照相平板印刷术和固相合成方法，在固相支持物
（玻片、硅片、聚丙烯以及尼龙膜等）的精确部位，合成千百万个高
分辨率的不同化合物来制成的探针，在固相支持物上进行杂交，而不
是传统的凝胶电泳杂交。片上单个探针密度为$10^7 \sim 10^8$分子/片。在
荧光标记杂交检测中，使用共聚焦荧光显微镜进行激光扫描，对于数

据荧光图像的处理，使用计算机处理软件进行分析，然后作出快速诊断。

　　DNA 芯片技术可用于鉴定靶序列、基因突变检测、基因表达监控、发现新基因、遗传制图等。根据微排列上探针的不同，DNA 芯片又分为寡核苷酸芯片和 cDNA 芯片。目前已筛选出检测 HIV 病毒蛋白酶基因和反转录酶基因突变的商品化 DNA 芯片。金黄色葡萄球菌、白色念球菌 DNA 芯片也已问世。

　　综上所述，对病猪的确切诊断，应以周密的流行病学调查为基础，配合详细的临床检查、病理剖检及必要的实验室检查，最后综合流行病学、临床、病理学资料及实验室检查结果全面地得出综合性的结论。

参考文献

敖翔，何健，2013. 减少猪饲料中抗生素生长促进剂使用的饲养管理和营养性策略 [J]. 饲料工业 (23)：16-21.

陈昇，董元华，王辉，等，2008. 江苏省畜禽粪便中磺胺类药物残留特征 [J]. 农业环境科学学报 (1)：385-389.

戴江，2020. 母猪产前准备与 1 周龄仔猪的饲养管理 [J]. 四川畜牧兽医，47 (1)：45-46.

单姝，凌宝明，张冠群，等，2019. 规模化猪场仔猪产后 3 天内饲养管理的关键点探讨 [J]. 广东饲料，28 (4)：45-47.

丁爽，2020. 断奶前后仔猪饲养管理的关键技术探究 [J]. 饲料博览 (4)：81.

段冉，2020. 仔猪保育阶段饲养管理技术与措施 [J]. 湖北畜牧兽医，41 (5)：32-33.

段亚娜，王志俊，段昌学，等，2016. 无抗养殖模式可行性分析 [J]. 山西农业科学 (8)：1200-1202.

冯定远，2016. 葡萄糖氧化酶在日粮中替代抗生素的机理和应用价值 [C]. 中国畜牧兽医学会动物营养学分会第十届全国代表大会暨十二届学术研讨会.

何海文，张枫琳，宋敏，等，2020. 中链脂肪酸对动物肠道健康的调控作用研究进展 [J]. 中国饲料 (13)：21-23.

洪晓丽，陈毓，2019. 溶菌酶作为抗生素替代品在饲料中的应用 [J]. 南方农业，13 (Z1)：149-150.

霍艳军，2016. 无抗养殖：就差这一步！[J]. 饲料与畜牧 (8)：13-14.

李振，王云建，2009. 畜禽养殖中抗生素使用的现状、问题及对策 [J]. 中国动物保健，11 (7)：55-57.

林靖，杨玉芬，2016. 植酸酶对仔猪影响的研究进展 [J]. 饲料研究 (12)：

15-18.

刘正旭，霍永久，喻礼怀，等，2014. 植物提取物对猪的生物学功能及其相关机制［J］. 动物营养学报（11）：3209-3216.

吕嘉栃，李瑛，2010. 益生菌制剂在养殖业的应用［J］. 饲料研究（4）：12-14.

Piero A，Aidan C，徐倩，等，2016. 欧美饲料禁抗实践与启示［J］. 广东饲料（6）：11-14.

邵彩梅，朱秋凤，2016. 欧洲饲料禁抗实践及其对我国饲料企业的启示［J］. 中国畜牧杂志（12）：33-36.

邰义萍，罗晓栋，莫测辉，等，2011. 广东省畜牧粪便中喹诺酮类和磺胺类抗生素的含量与分布特征研究［J］. 环境科学，32（4）：1188-1193.

谭碧娥，2020. 饲料禁抗条件下仔猪肠道健康的营养干预手段［J］. 猪业科学，37（5）：31-34.

王斌星，王蜀金，郭春华，等，2016. 酿酒酵母发酵液对断奶仔猪生长性能、小肠发育及小肠黏膜免疫功能的影响［J］. 动物营养学报，28（12）：4014-4022.

王飒爽，陈海宝，武嘉平，等，2020. 绿色添加剂溶菌酶在畜禽生产中的应用研究进展［J］. 饲料研究，43（5）：142-145.

吴立平，2020. 保育猪的生长与饲养管理技术［J］. 湖北畜牧兽医，41（6）：37-38.

徐小蛟，唐香山，舒剑成，等，2020. 饲料无抗及其应对策略［J］. 广东饲料，29（6）：12-15.

许文秀，2014. 解析猪饲料中抗生素残留的潜在影响［J］. 民营科技（8）：226.

杨基峰，应光国，赵建亮，等，2015. 配套养殖体系中部分抗生素的污染特征［J］. 环境化学（1）：54-59.

杨加豹，刘进远，陈瑾，等，2013. 无抗畜牧业的概念及发展方向［J］. 四川畜牧兽医（12）：12-13.

杨玉鲜，李正欢，2014. 猪饲料中抗生素残留的潜在影响［J］. 中兽医学杂志（7）：60.

余占桥，卢萍，2019. 酵母培养物在猪生产中的应用进展［J］. 今日养猪业

（5）：102-104.

张慧敏，章明奎，顾国平，2008. 浙北地区畜禽粪便和农田土壤中四环素类抗生素残留［J］. 生态与农村环境学报（3）：69-73.

张丽丽，直俊强，张加勇，等，2014. 北京地区猪粪中四环素类抗生素和重金属残留抽样分析［J］. 中国农学通报（35）：74-78.

张乃锋，2012. 安全饲料配制关键技术研究［J］. 猪业科学，29（12）：40-41.

张乃锋，2013. 母猪分阶段营养与日粮配制技术［J］. 猪业科学，30（4）：36-38.

张乃锋，2010. 养猪实践中低蛋白日粮配制的若干技术问题［J］. 猪业科学，27（5）：40-42.

张乃锋，2016. 液体饲料应用研究进展［J］. 猪业科学，33（10）：34-35.

张乃锋，2012. 仔猪安全环保型饲料技术应用进展［J］. 饲料与畜牧（9）：8-11.

张生伟，2020. 浅谈保育猪的饲养管理［J］. 甘肃畜牧兽医，50（7）：57-59.

周淑萍，2012. 畜禽养殖中滥用抗生素的危害与对策［J］. 中国畜禽种业，8（11）：39-40.

HAYES D J, JENSEN H H, 2003. Lessons from the Danish Ban on Feed-Grade Antibiotics ［J］. Choices, 18（3）：1-6.

MOORE P R, EVENSON A, LUCKEY T D, *et al*, 1946. Use of sulfasuxidine, streptothricin, and streptomycin in nutritional studies with the chick ［J］. Journal of Biological Chemistry, 165（2）：437-441.